工业和信息化
精品系列教材 | **Python** 技术

黑马程序员 ◉ 编著

附教学
资源

Python Web

开发项目教程 Flask版

人民邮电出版社

北　京

图书在版编目（CIP）数据

Python Web开发项目教程：Flask版 / 黑马程序员
编著. -- 北京：人民邮电出版社，2023.1
工业和信息化精品系列教材. Python技术
ISBN 978-7-115-60020-2

Ⅰ．①P… Ⅱ．①黑… Ⅲ．①软件工具－程序设计－
教材 Ⅳ．①TP311.561

中国版本图书馆CIP数据核字(2022)第166296号

内 容 提 要

本书基于 Python 3.8，采用理论与项目结合的方式全面介绍 Flask 2.0 框架的相关知识。全书共 10 章，其中第 1～5 章针对 Flask 框架的基础知识进行讲解，包括认识 Flask、路由、模板、表单与类视图、数据库操作；第 6～10 章介绍智能租房项目的完整开发过程，有助于读者加深对 Flask 框架基础知识的理解，提高灵活使用 Flask 框架开发 Web 应用程序的能力。

本书附有教学 PPT、教学设计、教学大纲、源代码等资源。为帮助初学者更好地学习书中的内容，本书还提供在线答疑，希望能得到更多读者的关注。

本书既可作为本科、高职高专计算机相关专业的教材，也可作为 Flask 培训教材，还可作为广大编程爱好者的 Flask 入门教材。

◆ 编　著　黑马程序员
　　责任编辑　初美呈
　　责任印制　王　郁　焦志炜
◆ 人民邮电出版社出版发行　　北京市丰台区成寿寺路 11 号
　　邮编　100164　电子邮件　315@ptpress.com.cn
　　网址　https://www.ptpress.com.cn
　　天津千鹤文化传播有限公司印刷
◆ 开本：787×1092　1/16
　　印张：14.5　　　　　　　　　2023 年 1 月第 1 版
　　字数：353 千字　　　　　　　2025 年 1 月天津第 7 次印刷

定价：49.80 元

读者服务热线：(010)81055256　印装质量热线：(010)81055316
反盗版热线：(010)81055315
广告经营许可证：京东市监广登字 20170147 号

前言
Preface

Python 是当今流行的编程语言之一，在 Web 开发领域自然无法缺少 Python 的身影。目前流行的 Python Web 开发框架有 Django、web2py、Tornado、Flask、Quixote 等。在众多的 Python Web 框架中，Flask 以灵活、轻便且高效的特点脱颖而出，Flask 是一个完全使用 Python 编写的轻量级微框架。如果你有非常好的想法，并想以网站形式展示，那么 Flask 是非常不错的选择。

1. 为什么要学习本书

若要使用 Flask 开发 Web 项目，那么学习 Flask 相关知识是不可或缺的。本书从 Flask 的安装到使用 Flask 开发完整的 Web 项目逐步进行介绍，可以使具有 Python 基础的人快速熟悉 Flask 框架，掌握基于 Flask 开发 Web 程序的方法。

在内容组织上，本书采用"理论知识+要点分析+示例演示"的模式，既包含普适性介绍，又呈现要点、突出重点，还提供充足示例，保证读者在熟悉框架原理与基础知识的前提下，能够掌握相关知识，并能将其运用到实际开发中。在知识配置上，本书涵盖路由、模板、表单、类视图、数据库操作等主题，以及完整 Web 实战项目的开发要点。通过学习本书，读者可掌握 Flask 框架的相关知识，具备使用 Flask 框架快速开发 Web 项目的能力。

本书在编写的过程中，结合党的二十大精神进教材、进课堂、进头脑的要求，在设计 Web 应用程序方面注重网络数据的保密性、完整性、可用性、真实性，加强对 Web 应用程序开发的教育，引导学生正确处理数据和信息，注重社会责任和道德规范，为数字中国建设贡献力量。此外，编者依据书中的内容提供了线上学习的视频资源，体现现代信息技术与教育教学的深度融合，加快推进教育数字化。

2. 如何使用本书

本书基于 Windows 7 系统上的 Python 3.8 与 Flask 2.0 对 Flask 框架的相关知识进行讲解。全书共 10 章，其中第 1 章主要介绍 Flask 开发环境的搭建、Flask 程序的基本结构；第 2 章主要介绍路由的使用，包括注册路由、URL 传递参数、处理请求、处理响应、URL 反向解析和页面重定向；第 3 章主要介绍模板的使用，包括模板与模板引擎 Jinja2、模板基础语法、宏的定义与调用、消息闪现、静态文件的加载和模板继承；第 4 章主要介绍表单与类视图的使用，包括通过 Flask 处理表单、通过 Flask-WTF 处理表单、类视图和蓝图；第 5 章主要介绍数据库操作，包括数据库概述、安装 Flask-SQLAlchemy、使用 Flask-SQLAlchemy 操作 MySQL 和数据操作；第 6~10 章从需求与前期准备着手，介绍如何逐步实现智能租房项目。

读者若不能完全理解本书所讲知识，可登录高校学习平台，配合使用平台中的教学视频进行学习。此外，读者在学习的过程中务必要勤于练习，确保真正掌握所学知识。若在学习的过程中遇到一时无法解决的问题，建议读者莫纠结于该处，继续往后学习，或可豁然开朗。

3．致谢

本书的编写和整理工作由传智教育公司完成，主要参与人员有高美云、王晓娟、孙东、高炳尧等，全体编者在这近一年的编写过程中付出了很多，在此一并表示衷心的感谢。

4．意见反馈

尽管我们付出了最大的努力，但书中难免会有疏漏之处，欢迎各界专家和读者朋友们来信给予宝贵意见，我们将不胜感激。您在阅读本书时，如发现任何问题或不认可之处，可以通过电子邮件与我们联系。请发送电子邮件至 itcast_book@vip.sina.com。

黑马程序员

2023 年 5 月于北京

目录
Contents

第 1 章

认识 Flask

◆ 了解 Flask 框架，能够表述 Flask 框架的发展史以及特点

◆ 熟悉虚拟 Python 环境的创建方式，能够独立在计算机上创建虚拟的 Python 环境

◆ 掌握 Flask 的安装方式，能够独立在计算机上安装 Flask 框架

◆ 掌握在 PyCharm 中配置虚拟环境的方式，能够独立在 PyCharm 工具中配置虚拟环境

◆ 了解 Flask 程序的基本结构，能够归纳 Flask 类、路由、视图和开发服务器的作用

◆ 熟悉配置项，能够列举至少 5 个 Flask 配置项的作用

◆ 掌握配置信息的使用方法，能够通过访问字典元素、导入文件和导入对象这 3 种方式使用配置信息

◆ 熟悉 Flask 扩展包，能够列举至少 3 个 Flask 扩展包的用途

Web 应用程序发展至今，所涉及的技术持续增多，这在一定程度上增加了 Web 应用程序开发者的开发难度。为了提高开发者编写 Web 应用程序的效率，Python 引入了一些成熟的 Web 应用程序框架，开发者只需要按照框架的约定模式，在指定位置编写核心业务的逻辑代码即可。

拓展阅读

Flask 作为目前比较流行的 Web 应用程序框架，自发布以来广受好评，在 Web 开发领域占据了一席之地。本章将围绕着 Flask 框架的入门知识进行讲解，使读者对 Flask 框架有初步的认识。

1.1 Flask 简介

Flask 的诞生源于一个玩笑，当时 Flask 的开发者阿明·罗纳赫（Armin Ronacher）注意到市面上正流行着一些微框架，这些微框架非常受开发者的欢迎。于是，罗纳赫利用现有的技术简单改造了一个"虚假"的微框架 Denied，并且特意准备了名人推荐语、示例代码和演示视频等，使这个玩笑更加真实、可信。

出人意料的是，视频上线仅 3 天便引起了众多开发者的关注，视频的点击量超过 5 万次，转载量也打破了罗纳赫以前的纪录。开发者对 Denied 的热切关注激发了罗纳赫浓厚的兴致，

他决定开发一个真正的微框架，并于 2010 年 4 月 6 日成功发布了 Flask，Flask 就此诞生。

Flask 是一个用 Python 语言编写的微框架，它可以帮助开发者在短时间内实现功能丰富的 Web 应用程序。微框架并不意味着将 Web 应用程序的所有代码放置在一个 .py 文件中，而是意味着代码简洁且易于扩展。

Flask 默认依赖 Werkzeug 工具包和 Jinja2 模板引擎，它只保留了 Web 开发的核心功能，没有用户认证、表单验证、发送邮件等其他 Web 应用程序框架通常拥有的功能。开发者若需要给 Flask 程序添加额外的功能，可以在 Flask 官网中找到相应的扩展包进行开发。

Flask 如此受欢迎，离不开其自身具备的几个特点，具体如下。

1. 内置开发服务器和调试器

Flask 自带开发服务器，它可以让开发者在调试 Web 应用程序时无须安装其他的网络服务器，如 Tomcat、JBoss、Apache 等，为程序正式运行提供一定的保障。另外，基于 Flask 开发的程序默认处于调试状态，当程序运行出现异常时，Flask 程序会同时向启动 Python 程序的控制台和 HTTP（HyperText Transfer Protocol，超文本传送协议）客户端发送错误信息。

2. 使用 Jinja2 模板引擎

Flask 使用 Jinja2 模板引擎将 HTML（HyperText Markup Language，超文本标记语言）页面与应用程序联系起来。Jinja2 是一种灵活的模板引擎，它由 Django 模板引擎发展而来，但比 Django 模板引擎更加高效。Jinja2 模板引擎使用配置的语义系统，不仅提供了灵活的模板继承技术，还可以自动防止跨站脚本（Cross Site Script，XSS）攻击。

3. 极强的定制性

Flask 社区提供了功能丰富的扩展包，能让程序在具备核心功能的同时实现功能的扩展。开发者可以根据自己的需求添加扩展包，也可以自行开发扩展包，扩展包有助于开发者快速开发功能丰富的网站，以及实现对网站的个性化定制。

4. 基于 Unicode 编码格式

Flask 完全基于 Unicode 编码格式，这对制作使用非纯 ASCII（American Standard Code for Information Interchange，美国信息交换标准代码）字符集的网站而言非常方便。HTTP 支持任何编码格式内容的传输，但该协议要求每次传输时要在请求头中显式指定使用的编码格式，Flask 程序默认会为请求头指定 UTF-8 编码格式，开发者无须担心编码问题。

5. 完全兼容 WSGI 1.0 标准

WSGI（Web Server Gateway Interface，Web 服务器网关接口）是为 Python 语言定义的 Web 服务器和 Web 应用程序或框架之间的一种简单而通用的接口，它制定了一套通信标准，保证 Web 服务器与 Web 应用程序的通信。Flask 程序完全兼容 WSGI，能够配置在各种大型网络服务器中。

6. 无缝衔接单元测试

单元测试是指对软件中的最小可测试单元进行检查和验证，一般用于判断某个特定条件下某个特定函数的行为，保证该函数在特定条件下能够按预想输出，或者在不符合要求时提醒开发者进行检查。Flask 提供了一个与 Python 自带的单元测试框架 unittest 无缝衔接的测试接口，即 Flask 对象的 test_client() 函数。通过该函数，测试程序可以模拟 HTTP 访问客户端，调用 Flask 路由绑定的视图函数，并且获取视图函数的返回值以进行自定义的验证。

总而言之，Flask 灵活、轻便，且容易上手，它发展至今已经历经了多个版本。截至本书完稿时，Flask 1.x 系列的最新版本为 2021 年 5 月 14 日发布的 1.1.4 版本，Flask 2.x 系列的最新版本为 2021 年 10 月 4 日发布的 2.0.2 版本。本书介绍的内容基于 Flask 2.0.2 进行开发。

1.2　搭建 Flask 开发环境

编写 Flask 程序之前，需要搭建 Flask 开发环境。接下来，本节将对 Flask 开发环境的搭建进行详细讲解。

1.2.1　创建虚拟的 Python 环境

在实际开发 Flask 程序时，程序的不同版本可能会依赖不同的环境，这时需要在系统中安装多个版本的 Python 解释器或依赖包，如果直接在物理环境中进行配置，那么多个版本的 Python 解释器之间可能会产生干扰。为了解决这个问题，我们需要使用 virtualenv 工具创建虚拟环境，以隔离不同版本的 Python 解释器。

在使用 virtualenv 工具之前，我们需要在计算机中安装 virtualenv 工具。virtualenv 工具可通过 pip 命令在线安装，具体命令如下所示。

```
pip install virtualenv
```

以上命令执行后，若命令提示符窗口输出如下信息则说明 virtualenv 安装成功。

```
Successfully installed backports.entry-points-selectable-1.1.0 distlib-0.3.3
filelock-3.1.0 platformdirs-2.4.0 virtualenv-20.8.1
```

一台计算机中可以创建多个虚拟环境，我们可以将不同版本的 Python 解释器安装到不同的虚拟环境中。接下来，以 Windows 7 系统为例，为大家介绍如何通过 virtualenv 创建、使用和退出虚拟环境。

1. 创建虚拟环境

创建虚拟环境的命令格式如下所示。

```
virtualenv 虚拟环境名
virtualenv -p Python 解释器的安装路径 虚拟环境名
```

在上述命令中，第 2 行命令显式指定了 Python 解释器的安装路径。若通过第 1 行命令创建虚拟环境，则虚拟环境中使用的 Python 版本是由系统环境变量设置的 Python 解释器决定的；若通过第 2 行命令创建虚拟环境，则虚拟环境中使用的 Python 版本是由用户显式指定的 Python 解释器决定的。

例如，在 E:\env_space 目录下通过第 1 行命令创建虚拟环境 flask_env，具体命令如下所示。

```
E:\env_space>virtualenv flask_env
```

上述命令执行后，命令提示符窗口中会输出 "created virtual environment CPython3.8.2.final.0-64 in 11831ms" 信息，并且在计算机的 E:\env_space 目录下会添加一个名称为 flask_env 的子目录。

2. 使用虚拟环境

若希望使用虚拟环境，需要执行虚拟环境目录 Scripts 下的 activate 文件。例如，使用刚刚创建的虚拟环境 flask_env，具体命令如下所示。

```
E:\env_space>.\flask_env\Scripts\activate
```

上述命令执行后，当前工作环境会切换至虚拟环境 flask_env，并显示虚拟环境的名称 flask_env，具体命令如下所示。

```
(flask_env) E:\env_space>
```

3. 退出虚拟环境

使用 deactivate 命令可以退出当前的虚拟环境。例如，使用 deactivate 命令退出虚拟环境 flask_env，具体命令如下所示。

```
(flask_env) E:\env_space>deactivate
E:\env_space>
```

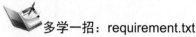多学一招：requirement.txt

不同的 Flask 项目可能会依赖不同的虚拟环境，若要在新计算机中运行项目，就需要为该项目配置一套相同的虚拟环境。为了区分和记录每个项目的依赖包及其版本，以便在新计算机中复现项目的虚拟环境，我们可以通过 requirement.txt 文件记录项目的所有依赖包及其版本号，以便在新计算机中实现一键安装的效果。

需要说明的是，requirement.txt 文件的名称是约定俗成的，也可以重新命名。

requirement.txt 文件的使用一般分为以下两步。

（1）通过 pip 命令将虚拟环境依赖的包及其版本号记录到 requirement.txt 文件中，具体命令如下所示。

```
pip freeze > requirement.txt
```

（2）在新计算机中，通过 pip 命令根据 requirement.txt 文件记录的依赖包及其版本号安装相应版本的依赖包，具体命令如下所示。

```
pip install -r requirement.txt
```

1.2.2　安装 Flask

若我们要开发 Flask 项目，还需要在虚拟环境中安装 Flask。Flask 是用 Python 编写的框架，可以直接通过 pip 命令进行安装。例如，在虚拟环境 flask_env 中使用 pip 命令安装 Flask 2.0.2，具体命令如下所示。

```
(flask_env) E:\env_space>pip install flask
```

若计算机中已经安装了旧版本的 Flask，此时可以先卸载已经安装的 Flask，再使用如下命令安装指定版本的 Flask，具体命令如下所示。

```
pip install flask==2.0.2
```

以上命令执行后，窗口会输出如下信息。

```
......
Installing collected packages: MarkupSafe, colorama, Werkzeug, Jinja2, itsdangerous,
click, flask
Successfully installed Jinja2-3.0.2 MarkupSafe-2.0.1 Werkzeug-2.0.2 click-8.0.1
colorama-0.4.4 flask-2.0.2 itsdangerous-2.0.1
```

观察上述信息可知，除了 Flask 之外还安装了 6 个依赖包，分别是 Jinja2、MarkupSafe、Werkzeug、click、colorama 和 itsdangerous，这 6 个 Flask 依赖包的说明如表 1-1 所示。

表 1-1 Flask 依赖包的说明

依赖包	版本	说明
Jinja2	3.0.2	模板渲染引擎
MarkupSafe	2.0.1	HTML 字符转义工具
Werkzeug	2.0.2	WSGI 工具集，它封装了 Web 框架中的很多内容，包含请求、响应、WSGI 开发服务器、调试器和重载器
click	8.0.1	命令行工具
colorama	0.4.4	命令行彩色显示工具
itsdangerous	2.0.1	提供各种加密签名功能

为了验证 Flask 是否安装成功，我们可以在命令提示符窗口中执行"python"进入 Python 解释器，并在 Python 解释器中尝试导入 Flask，具体命令如下所示。

```
(flask_env) E:\env_space>python
Python 3.8.2 (tags/v3.8.2:7b3ab59, Feb 25 2020, 23:03:10) [MSC v.1916 64 bit (AMD64)]
on win32
Type "help", "copyright", "credits" or "license" for more information.
>>> import flask
```

以上"import flask"语句执行后，若命令提示符窗口没有输出任何错误信息，则说明 Flask 安装成功。

1.2.3　安装 PyCharm

子曰："工欲善其事，必先利其器。"同理，开发者若希望能高效地开发 Flask 程序，则离不开一款得心应手的开发工具。PyCharm 是较多开发者使用的集成开发环境，它具有调试、语法高亮、项目管理、代码跳转、智能提示、单元测试、版本控制等功能，可以实现程序编写、运行、测试一体化。

接下来，以 Windows 7 系统为例，为大家演示如何在计算机中安装 PyCharm，具体步骤如下。

（1）打开浏览器，访问 PyCharm 官网的下载页面，如图 1-1 所示。

图 1-1　PyCharm 官网的下载页面

由图 1-1 可知，PyCharm 工具支持 Professional 和 Community 两个版本。其中 Professional 是专业版本，该版本支持 Django、Flask、远程开发、数据库和 SQL 语句等众多的高级功能，且需要用户付费购买；Community 是社区版本，该版本属于轻量级的，且是免费的。

值得一提的是，Community 版本可以满足教学需求，本书选择下载 Community 版本的 PyCharm。

（2）单击图 1-1 所示页面中"Community"下方的"Download"按钮，即可将安装包（pycharm-community-2021.2.2.exe）下载至本地。双击安装包打开 PyCharm 安装向导，进入 Welcome to PyCharm Community Edition Setup 界面，如图 1-2 所示。

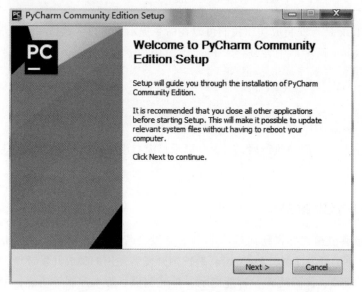

图 1-2　Welcome to PyCharm Community Edition Setup 界面

（3）单击图 1-2 所示界面中的"Next"按钮进入 Choose Install Location 界面，如图 1-3 所示。

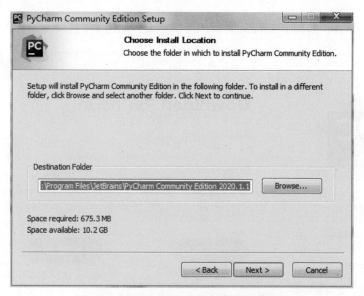

图 1-3　Choose Install Location 界面

（4）保持默认配置，单击图 1-3 所示界面中的"Next"按钮进入 Installation Options 界面，如图 1-4 所示。

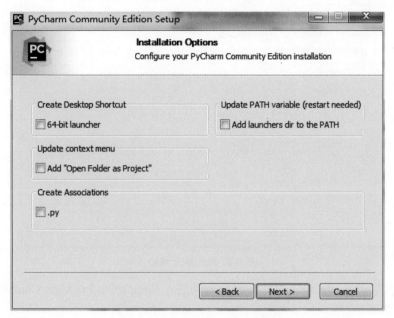

图 1-4 Installation Options 界面

（5）勾选图 1-4 所示界面中的所有复选项，单击"Next"按钮进入 Choose Start Menu Folder 界面，如图 1-5 所示。

图 1-5 Choose Start Menu Folder 界面

（6）单击图 1-5 所示界面中的"Install"按钮进入 Installing 界面，该界面会向用户展示 PyCharm 的安装进度。Installing 界面如图 1-6 所示。

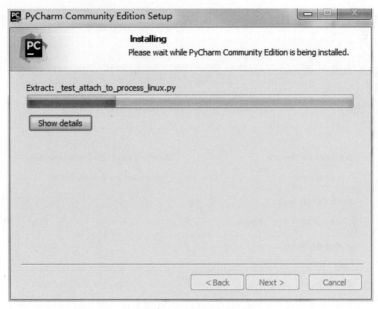

图 1-6　Installing 界面

（7）等待片刻后，PyCharm 安装完成，自动进入 Completing PyCharm Community Edition Setup 界面，如图 1-7 所示。

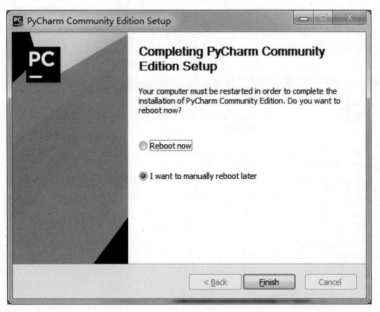

图 1-7　Completing PyCharm Community Edition Setup 界面

单击图 1-7 所示界面中的"Finish"按钮即可关闭界面。至此，PyCharm 工具安装完成。

1.2.4　在 PyCharm 中配置虚拟环境

若要使用 PyCharm 工具开发 Flask 程序，既可以另行创建新的虚拟环境，也可以使用创建好的虚拟环境。接下来，将介绍在 PyCharm 工具中新建一个项目，并为该项目配置虚拟环境 flask_env，具体步骤如下。

（1）首次打开 PyCharm 工具时会进入 Welcome to PyCharm 界面，如图 1-8 所示。

图 1-8　Welcome to PyCharm 界面

（2）单击图 1-8 所示界面中的"Create New Project"按钮进入 New Project 界面，如图 1-9 所示。

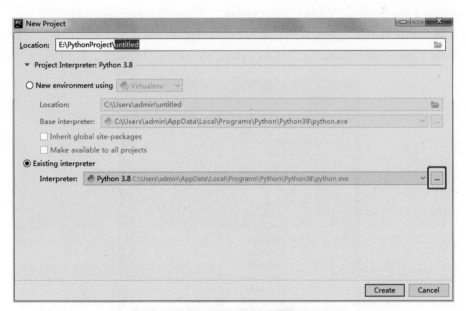

图 1-9　New Project 界面

图 1-9 所示界面中，最上方的"Location"文本框用于填写项目的路径及名称，默认名称为 untitled；"Project Interpreter"用于选择 Python 解释器，它包含"New environment using"和"Existing interpreter"两个单选按钮，其中"New environment using"单选按钮代表新创建

的环境，"Existing interpreter"单选按钮代表已经存在的 Python 解释器。

（3）在图 1-9 所示界面中，将项目的名称由 untitled 修改为 first_pro，单击图 1-9 中标注的 ⋯ 按钮，弹出 Add Python Interpreter 界面，如图 1-10 所示。

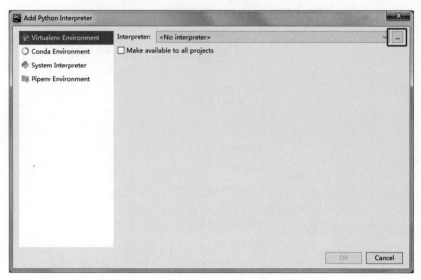

图 1-10　Add Python Interpreter 界面

图 1-10 所示界面左侧包含"Virtualenv Environment""Conda Environment""System Interpreter""Pipenv Environment"共 4 个选项。其中"Virtualenv Environment"表示使用 Virtualenv 创建虚拟环境，"Conda Environment"表示使用 Conda 创建虚拟环境，"System Interpreter"表示使用本地的 Python 环境，"Pipenv Environment"表示使用 Pipenv 创建虚拟环境。

（4）单击图 1-10 中标注的 ⋯ 按钮，进入 Select Python Interpreter 界面，在该界面中选择虚拟环境 flask_env 中的 python.exe。Select Python Interpreter 界面如图 1-11 所示。

图 1-11　Select Python Interpreter 界面

（5）单击图 1-11 所示界面中的"OK"按钮，关闭 Select Python Interpreter 界面，跳转回 Add Python Interpreter 界面，在 Add Python Interpreter 界面中单击"OK"按钮，关闭 Add Python Interpreter 界面并跳转回 New Project 界面，此时 New Project 界面中显示了选择的 Python 解释器信息，具体界面如图 1-12 所示。

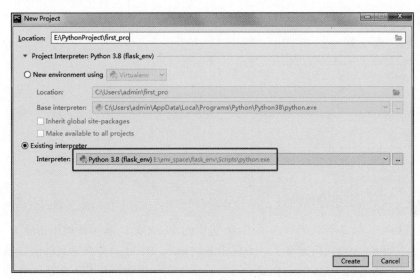

图 1-12　选择好 Python 解释器的 New Project 界面

（6）单击图 1-12 所示界面中的"Create"按钮，进入 first_pro 项目的主界面，如图 1-13 所示。

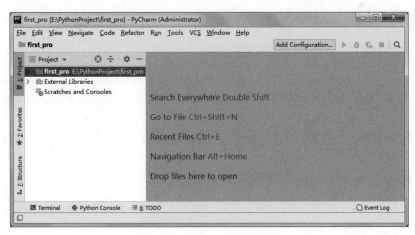

图 1-13　first_pro 项目的主界面

至此，first_pro 项目的虚拟环境配置完成。

1.3　开发第一个 Flask 程序

在计算机中搭建好 Flask 开发环境后，便可以着手编写 Flask 程序。

1.3.1 编写 Hello Flask 程序

为了让读者体验 Flask 框架的简洁之处，本节以 Hello Flask 程序为例，为大家演示如何使用 Flask 开发一个简单的 Web 程序。

在 first_pro 项目中创建一个名称为 app 的.py 文件，并在该文件中编写 Hello Flask 程序的代码，具体代码如下所示。

```
1   # 导入 Flask 类
2   from flask import Flask
3   # 实例化 Flask 类
4   app = Flask(__name__)
5   # 定义视图函数，并为该函数注册路由
6   @app.route("/")
7   def hello_flask():
8       return "<p>Hello, Flask!</p>"
9   if __name__ == "__main__":
10      # 启动开发服务器
11      app.run()
```

在上述代码中，第 2 行代码导入了 flask 包中的 Flask 类；第 4 行代码创建了一个 Flask 类的对象 app；第 6～8 行代码定义了一个视图函数 hello_flask()，并在定义该函数前使用装饰器@app.route("/")将 URL（Uniform Resource Locator，统一资源定位符）规则"/"和视图函数 hello_flask()进行绑定；第 11 行代码使用 app 调用 run()方法启动开发服务器。

运行代码，控制台的输出结果如下所示。

```
* Serving Flask app 'app' (lazy loading)
* Environment: production
  WARNING: This is a development server. Do not use it in a production
  deployment.
  Use a production WSGI server instead.
* Debug mode: off
* Running on http://127.0.0.1:5000/ (Press CTRL+C to quit)
```

从输出信息"Running on http://127.0.0.1:5000/"可以看出，开发服务器已经成功启动，它默认使用的 IP 地址为 127.0.0.1，端口号为 5000。

在浏览器的地址栏中输入 http://127.0.0.1:5000/并按 Enter 键后的页面效果如图 1-14 所示。

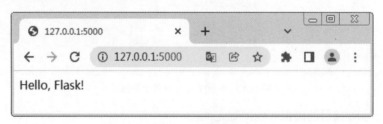

图 1-14 页面效果

从图 1-14 中可以看出，页面中显示了 hello_flask()函数返回的<p>标签定义的段落文本。

🕯※脚下留心：

当给.py 文件命名时，应该避免将"flask"作为文件的名称，防止.py 文件的名称与 flask 包名产生冲突导致程序因搜索不到名称为"flask"的.py 文件而引发异常。

1.3.2　程序的基本结构

在 1.3.1 小节中，我们介绍了如何编写一个 Flask 程序——Hello Flask，以及如何运行 Flask 程序。程序运行后页面显示的为什么是 "Hello, Flask!" 呢？要想弄明白这个问题，就需要先了解 Hello Flask 程序的基本结构。实际上，Hello Flask 程序包含 3 个比较重要的部分，分别是 Flask 类、开发服务器、路由与视图。接下来，结合 Hello Flask 程序的代码，带领大家一起深入剖析这 3 个部分。

1. Flask 类

Flask 类是 flask 包中的核心类，该类中封装了很多与 Flask 程序相关的方法，通过这些方法可以轻松地对 Flask 程序进行相应的操作。所有的 Flask 程序中必须要创建一个 Flask 类对象，创建 Flask 类对象的方式非常简单，只需要调用构造方法。

例如，在 Hello Flask 程序中创建 Flask 类对象的代码如下所示。

```
app = Flask(__name__)
```

上述代码中，构造方法中传入了一个必选参数 __name__。__name__ 是 Flask 中的一个特殊变量，用于保存程序主模块或者包的名称。例如，上述代码中 __name__ 的值为 app。

除了必选参数外，还可以根据需要向构造方法中传入以下几个可选参数。

- static_folder：用于指定存放静态文件的文件夹名称，默认值为 static。
- static_url_path：用于指定前端访问静态文件的路径，默认值为 static_folder 的名称。
- template_folder：用于指定存放模板文件的文件夹名称，默认值为应用程序根路径下的 templates 文件夹名称。

2. 开发服务器

Flask 的依赖包 Werkzeug 提供了一个简易的开发服务器，供开发人员在开发和测试阶段运行程序，可以暂时不配置生产服务器（如 Apache）。Flask 程序创建成功以后，便可以启用开发服务器测试程序是否有效。

使用开发服务器有两种方式，一种方式是通过命令行使用开发服务器；另一种方式是通过代码使用开发服务器，即调用 Flask 类对象的 run() 方法。

例如，在 Hello Flask 程序中，使用开发服务器的代码如下所示。

```
app.run()
```

以上代码在调用 run() 方法时没有传入任何参数，该方法通常包含以下几个参数。

- host：运行当前程序的主机名称，默认值为'127.0.0.1'或'localhost'。
- port：运行当前程序的主机对应的端口号，默认值为 5000。
- debug：是否启用调试模式，默认值为 False。

值得一提的是，建议在调用 run() 方法使用开发服务器时将 debug 参数的值设为 True。这样在运行程序的过程中若代码发生变化，开发服务器会自动重启并重新运行程序，另外在代码发生异常时，程序会输出相应的异常信息，可提高调试程序的效率。

3. 路由与视图

路由是一种目前流行的在 Web 框架中应用的技术，用于帮助用户直接根据 URL 访问某个页面，而无须从主页导航到这个页面。当初始化 Flask 类对象时，会注册程序中所有的 URL 规则，一旦用户通过浏览器根据某个页面的 URL 发送请求后，服务器便会将该请求交给 Flask

程序，这时 Flask 程序会根据 URL 规则找到与之关联的视图。

在 Flask 中，视图是 Python 函数或 Python 类，用于对浏览器发送的请求进行处理，并返回响应内容给 Web 服务器。视图返回的响应内容既可以是包含 HTML 代码的字符串，也可以是表单等。

例如，在 Hello Flask 程序中，定义视图函数及 URL 规则的代码如下所示。

```
@app.route("/")
def hello_flask():
    return "<p>Hello, Flask!</p>"
```

若程序部署的服务器为 http://127.0.0.1:5000，当用户在浏览器中访问 http://127.0.0.1:5000/ 时会触发视图函数 hello_flask()，该函数返回的响应内容会被渲染到浏览器的页面中。

1.4 Flask 程序配置

开发 Flask 程序的过程中，我们需要根据不同的应用环境定制程序的一些行为，如配置 Debug 模式、配置数据库连接地址等，常见的配置方式是利用专门的配置文件存储配置信息，以提高程序的复用性。接下来，本节将针对 Flask 程序配置的相关知识进行详细讲解。

1.4.1 常用配置项介绍

Flask 内置了众多配置项，这些配置项都是大写形式的变量，开发人员可以通过设置这些配置项来定制程序的一些行为。接下来，通过表格来罗列 Flask 中常用的配置项，具体如表 1-2 所示。

表 1-2　Flask 中常用的配置项

配置项	说明
ENV	指定应用运行的环境，默认值为'production'
DEBUG	启用/禁用调试模式。当 ENV 的值为'development'时，DEBUG 的默认值为 True，否则为 False
TESTING	启用/禁用测试模式，默认值为 False
PROPAGATE_EXCEPTIONS	显式启用/禁用异常的传播。在 PROPAGATE_EXCEPTIONS 未设置的情况下，若 TESTING 或 DEBUG 为 True，则该配置项隐式设为 True
PRESERVE_CONTEXT_ON_EXCEPTION	当异常发生时，不会弹出请求上下文，默认值为 None
TRAP_HTTP_EXCEPTIONS	若没有处理 HTTPException 异常的处理器，是否重新引发该异常，使其被交互调试器处理，而并非将 HTTPException 作为简单的错误响应返回，默认值为 False
TRAP_BAD_REQUEST_ERRORS	尝试操作请求字典中不存在的键，会返回错误请求页面
SECRET_KEY	表示密钥，用于安全签署会话 Cookie，也可用于应用或扩展的其他安全需求，它的值是长段的随机字符串
SESSION_COOKIE_NAME	会话 Cookie 的名称，默认值为'session'
SESSION_COOKIE_DOMAIN	会话 Cookie 会生效的域匹配规则

续表

配置项	说明
SESSION_COOKIE_PATH	会话 Cookie 的路径
SESSION_COOKIE_HTTPONLY	控制 Cookie 是否被设为 HTTP only 标志，默认值为 True
SESSION_COOKIE_SECURE	控制 Cookie 是否被设为 secure 标志，默认值为 False
SESSION_COOKIE_SAMESITE	限制外部站点的请求如何发送 Cookie，默认值为 None，可以设置为 'Lax'（推荐）或者'Strict'
PERMANENT_SESSION_LIFETIME	控制长期会话的生命周期，默认值为 timedelta(days=31)，即 2678400 秒
SESSION_REFRESH_EACH_REQUEST	当 session.permanent 为 True 时，控制每个响应是否都发送 Cookie，默认值为 True
USE_X_SENDFILE	启用/禁用 X-Sendfile，默认值为 False。有些网络服务器，如 Apache，会启动 X-Sendfile，以便有效地提供数据服务。该配置项仅在使用这种服务时才有意义
SEND_FILE_MAX_AGE_DEFAULT	默认缓存控制的最大期限，以秒为单位，默认值为 43200 秒（12 小时）
SERVER_NAME	设置应用绑定的主机和端口
APPLICATION_ROOT	应用的根路径，默认值为'/'
PREFERRED_URL_SCHEME	当没有请求上下文时使用预案生成外部 URL，默认值为'http'
MAX_CONTENT_LENGTH	设置请求数据中读取的最大字节数，默认值为 None。若该配置项并未配置，且未指定 CONTENT_LENGTH，为了安全将不会读取任何数据
JSON_AS_ASCII	是否采用 ASCII 编码序列化对象，默认值为 True。若该配置项的值设为 False，则 Flask 会按 Unicode 编码输出
JSON_SORT_KEYS	是否按照字母顺序对 JSON 对象的键进行排序，默认值为 True，这对于缓存来说是非常有用的
JSONIFY_PRETTYPRINT_REGULAR	控制 jsonify 响应是否输出新行、空格等排版格式的内容，以便于阅读，默认值为 False。该配置项在调试模式下总是启用
JSONIFY_MIMETYPE	jsonify 响应的媒体类型，默认值为'application/json'
TEMPLATES_AUTO_RELOAD	模板更新时自动重载
EXPLAIN_TEMPLATE_LOADING	是否记录模板文件如何载入调试信息，默认值为 False
MAX_COOKIE_SIZE	设置 Cookie 的最大字节数，默认值为 4093。若该配置项的值小于 Cookie 的字节数，则发出警告；若该配置项的值为 0，则关闭警告

1.4.2　配置信息的使用

在 Flask 中，若需要在程序中使用配置信息，以便对程序的一些行为进行定制，则可以采用多种方式将配置信息保存到 Flask 类对象的 config 属性中。config 属性的值是 flask.Config 类的对象，flask.Config 类是 Python 字典子类，它的工作方式类似于字典。既可以通过访问字典元素的方式使用配置信息，也可以通过 flask.Config 类提供的导入配置项的方法使用配置信息。

接下来，为大家介绍如何在 Flask 程序中使用配置信息，具体内容如下。

1. 通过访问字典元素的方式使用配置信息

我们可以通过访问字典元素的方式获取 Flask 程序的配置项，并重新为该配置项赋值。例如，为 Flask 类的对象 app 设置配置项 TESTING，以启用测试模式，代码如下所示。

```
app.config['TESTING'] = True
```

另外，若希望一次设置多个配置项，则可以调用 flask.Config 从父类继承的 update()方法来实现。例如，为 Flask 类的对象 app 设置配置项 TESTING 和 SECRET_KEY，从而使程序启用测试模式以及设置密钥，具体代码如下所示。

```
app.config.update(
TESTING=True,
SECRET_KEY=b'_5#y2L"F4Q8z\n\xec]/'
)
```

2. 通过导入文件的方式使用配置信息

我们可以将所有的配置项存入单独的文件，之后将该文件导入 Flask 程序。flask.Config 类中提供了一些从文件中导入配置项的方法，关于这些方法的介绍如下。

- from_file()：从指定的文件中导入配置项，并更新配置项的值。
- from_pyfile()：从.py 文件中导入配置项，并更新配置项的值。

例如，通过以上两个方法分别从 config.json、config.py 文件中导入配置项，并在 Flask 程序中使用配置信息，代码如下所示。

```
# 通过 from_file()方法从 config.json 文件中导入配置项
import json
app.config.from_file("config.json", load=json.load)
# 通过 from_pyfile()方法从 config.py 文件中导入配置项
app.config.from_pyfile("config.py")
```

3. 通过导入对象的方式使用配置信息

我们可以通过定义 Python 类属性的方式设置配置项，之后将包含配置项的 Python 类的对象导入 Flask 程序。flask.Config 类中提供了一些从 Python 类中导入配置项的方法，如 from_object()。from_object()方法用于从给定对象中导入配置项，并更新配置项的值。

需要说明的是，from_object()方法只会加载 Python 类中以大写字母命名的属性。如果 Python 类中有@property 属性，则该类在被传递给 from_object()方法之前需要进行实例化。

例如，定义一个包含两个配置项 TESTING 和 SECRET_KEY 的类 Settings，之后调用 from_object()方法从 Settings 类中加载配置项，并在程序中使用配置信息，具体代码如下所示。

```
class Settings:
    # 启用测试模式
    TESTING=True
    # 设置密钥
    SECRET_KEY=b'_5#y2L"F4Q8z\n\xec]/'
setting=Settings()
app.config.from_object(setting)
```

1.5 Flask 扩展包

Flask 自身并没有提供一些重要的功能，如发送电子邮件、用户认证、数据库操作等。开发人员在实际开发中若需要实现这些功能，既可以使用 Flask 为应用增加的扩展包，也可以按照自己的需求自行开发并使用扩展包，这样做不仅能够避免程序代码变得冗余且复杂，而且能提高程序的可扩展性。常用的 Flask 扩展包如表 1-3 所示。

表 1-3 常用的 Flask 扩展包

扩展包	说明
Flask-SQLAlchemy	操作数据库
Flask-Migrate	管理迁移数据库
Flask-Mail	邮件
Flask-WTF	表单
Flask-Babel	提供国际化和本地支持
Flask-Script	插入脚本
Flask-Login	认证用户状态
Flask-OpenID	认证
Flask-RESTful	开发 REST API 工具
Flask-Bootstrap	集成前端 Twitter Bootstrap 框架
Flask-Moment	本地化日期和时间
Flask-Admin	简单和可扩展的管理接口框架

需要说明的是，对于 Flask 程序，若希望使用某个扩展包，则需要先在当前工作环境中使用 pip 命令安装该扩展包。以安装扩展包 Flask-SQLAlchemy 为例，具体安装命令如下所示。

```
pip install flask-sqlalchemy
```

扩展包 Flask-SQLAlchemy 安装成功之后，便可以被应用引入程序。扩展包有着一定的编写约定，它内部一般会提供扩展类，在创建扩展类对象时传入程序实例即可完成初始化过程。

以扩展包 Flask-SQLAlchemy 提供的扩展类 SQLAlchemy 为例，创建 SQLAlchemy 对象的示例代码如下所示。

```
from flask import Flask
from flask.ext.sqlalchemy import SQLAlchemy
# 实例化 Flask 类
app = Flask(__name__)
# 实例化 SQLAlchemy 类
db = SQLAlchemy(app)
```

需要注意的是，尽管扩展包可以用于快速实现某些功能，但是某些扩展包可能会存在一些潜在的 bug，不同的扩展包之间甚至可能会出现冲突。因此我们在选择扩展包时，应该尽量从实际需求的角度出发，对扩展包的质量和兼容性多做考量，以保证实现效率与灵活性的平衡。

关于表 1-3 中介绍的扩展包，目前大家大致了解即可，后面深入讲解时会介绍常用扩展包的详细用法。

1.6 本章小结

本章作为本书的开篇章，主要讲解了 Flask 框架的相关知识，包括 Flask 简介、搭建 Flask

开发环境、开发第一个 Flask 程序、Flask 程序配置和 Flask 扩展包等内容。希望通过学习本章的内容，读者能够对 Flask 框架有初步的认识，为后续深入学习 Flask 框架做好准备。

1.7　习题

一、填空题

1. Flask 默认依赖 Werkzeug 工具包和_____模板引擎。
2. 使用_____命令可以退出通过 virtualenv 创建的虚拟环境。
3. Flask 是一个用_____语言编写的微框架。
4. Flask 的开发服务器默认使用的端口号为_____。
5. Flask 通过设置_____定制程序的一些行为。

二、判断题

1. Flask 自带开发服务器。（　　　）
2. Flask 的依赖包 Werkzeug 提供了一个简易的开发服务器。（　　　）
3. Flask 中的视图是 Python 函数或类。（　　　）
4. Flask 完全兼容 WSGI 1.0 标准。（　　　）
5. Flask 的开发服务器只能通过命令行方式启动。（　　　）

三、选择题

1. 下列选项中，哪个参数用于指定运行 Flask 程序的主机端口号？（　　　）
   A. host　　　　　　B. port　　　　　　C. debug　　　　　　D. portal
2. 下列选项中，用于在创建 Flask 类对象时指定模板文件存放目录的参数是（　　　）。
   A. static_url_path　　B. static_folder　　C. template_folder　　D. static_host
3. 下列选项中，表示启用/禁用调试模式的配置项是（　　　）。
   A. ENV　　　　　　B. DEBUG　　　　　　C. TESTING　　　　　　D. SECRET_KEY
4. 下列选项中，用于操作数据库的扩展包是（　　　）。
   A. Flask-SQLAlchemy　　　　　　　　B. Flask-Migrate
   C. Flask-Mail　　　　　　　　　　　　D. Flask-WTF
5. 下列选项中，关于 Flask 的描述错误的是（　　　）。
   A. Flask 是一个由 Python 语言编写的微框架
   B. Flask 默认使用 Django 模板引擎将 HTML 页面与应用程序联系起来
   C. Flask 完全基于 Unicode 编码格式
   D. Flask 自带开发服务器，可以让开发者在调试 Web 应用程序时无须安装其他的网络服务器

四、简答题

1. 简述 Flask 的概念。
2. 简述如何使用 virtualenv 创建虚拟环境。

第 2 章

路由

◆ 掌握注册路由的方式，能够独立完成路由的注册

◆ 掌握 URL 传递参数的方式，能够通过 URL 规则向视图函数传递参数

◆ 掌握转换器的用法，能够根据业务需求灵活应用内置转换器或自定义转换器

◆ 掌握指定请求方式的方法，能够在注册路由时指定请求方式

◆ 掌握请求钩子的使用方法，能够在程序中灵活运用请求钩子

◆ 了解上下文的相关内容，能够通过上下文处理程序中的请求

◆ 了解响应报文，能够表述响应报文的组成部分及其作用

◆ 掌握响应的创建方式，能够灵活通过 make_response()函数生成响应

◆ 掌握 URL 反向解析的方式，能够通过 url_for()获取反向解析的 URL

◆ 掌握页面重定向的方式，能够通过 redirect()对页面进行重定向

通过第 1 章的学习，大家应该已经对 Flask 框架有了初步的认识，但是这对使用 Flask 框架进行项目开发来说还远远不够，因此需要进一步学习 Flask 框架的知识。本章将针对注册路由、URL 传递参数、处理请求等相关内容进行介绍。

拓展阅读

2.1 注册路由

对于 Flask 程序，浏览器通过 URL 发送 HTTP 请求给 Web 服务器，Web 服务器再将 HTTP 请求转发给 Flask 程序。Flask 程序接收到 HTTP 请求后，需要知道 Flask 程序中哪部分代码会对这个请求进行处理。为此，Flask 程序保存了 URL 与视图函数或类的映射关系，建立映射关系的过程称为注册路由。

路由注册完成后，当浏览器根据 URL 访问网站时会执行 Flask 程序中与该 URL 关联的视图函数或类。在 Flask 中，注册路由一般有两种方法，即通过 route()方法注册路由与通过 add_url_rule()方法注册路由。接下来，分别对这两种注册路由的方法进行介绍。

1. 通过 route()方法注册路由

route()是 Flask 类提供的方法，该方法用于将视图函数与特定的 URL 建立关联，当通过浏览器访问 URL 时，程序内部自动调用与之关联的视图函数。route()方法的声明如下所示。

```
route(rule, methods, **options)
```

route()方法中各参数的含义如下。

- rule：必选参数，表示 URL 规则字符串，该字符串必须以"/"开头。
- methods：可选参数，表示 HTTP 请求方式。
- **options：可选参数，表示传递给底层 werkzeug.routing.Rule 对象的额外选项。

值得一提的是，若 URL 规则字符串以"/"结尾，用户访问 URL 时并没有在 URL 末尾附加"/"，则会自动重定向到附加了"/"的页面；若 URL 规则字符串的末尾没有附加"/"，用户通过 URL 访问页面时在 URL 末尾附加了"/"，则会出现 404 错误信息页面。

route()方法的用法比较特殊，需要以装饰器的形式写在视图函数的前面。接下来，演示如何用 route()方法注册路由，使视图函数与 URL 建立关联，示例代码如下所示。

```python
from flask import Flask
app = Flask(__name__)
@app.route('/index')       # 通过 route()方法注册路由，URL 规则为/index
def index():
    return f'<h1>这是首页！</h1>'
if __name__ == '__main__':
    app.run()
```

上述加粗代码中，定义了一个 index()函数，该函数中返回了一个包含<h1>标签的字符串，另外在 index()函数的前面添加了装饰器@app.route()来注册路由，当用户在浏览器中访问 http://localhost:5000/index 时页面中会展示 index()函数返回的内容。

运行代码，通过浏览器访问 http://127.0.0.1:5000/index 后可以看到页面中显示了视图函数 index()返回的内容，具体如图 2-1 所示。

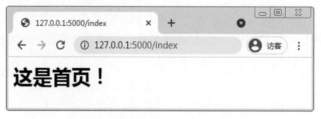

图 2-1   视图函数 index()返回的内容

2. 通过 add_url_rule()方法注册路由

add_url_rule()也是 Flask 类提供的方法，该方法一般需要传递 URL 和 URL 关联的函数名。add_url_rule()方法的声明如下所示。

```
add_url_rule(rule, endpoint=None, view_func=None,
             provide_automatic_options=None, **options)
```

add_url_rule()方法中各参数的含义如下。

- rule：必选参数，表示 URL 规则字符串。
- endpoint：可选参数，表示端点名称。
- view_func：可选参数，表示与端点关联的视图函数名。

- **options：可选参数，表示传递给底层 werkzeug.routing.Rule 对象的额外选项。比如，methods 参数用于指定 HTTP 请求方法。

接下来编写代码，演示如何用 add_url_rule()方法注册路由，使视图函数与 URL 建立关联，示例代码如下所示。

```
from flask import Flask
app = Flask(__name__)
def index_new():
    return f'<h1>这是首页！</h1>'
# 通过 add_url_rule()方法注册路由
app.add_url_rule(rule='/index', view_func=index_new)
if __name__ == '__main__':
    app.run()
```

以上加粗代码调用 add_url_rule()方法注册路由，并将 URL 规则/index 与视图函数 index_new()进行绑定。

运行代码，通过浏览器访问 http://127.0.0.1:5000/index 后可以看到页面中显示了视图函数 index_new()返回的内容，具体如图 2-2 所示。

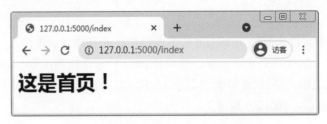

图 2-2　视图函数 index_new()返回的内容

值得一提的是，分析 route()方法的源代码可知，route()方法内部其实调用了 add_url_rule() 方法，我们可以把 route()方法当作 add_url_rule()方法的快捷方法，route()方法的用法更简单，无须传入与 URL 规则关联的视图函数名。

在 Flask 程序中，一个视图函数可以绑定多个 URL，当浏览器访问这些 URL 时会触发 Flask 程序中的同一个视图函数，也就是说在浏览器中展示的效果相同。

例如，为上述 route()方法示例中的视图函数 index()绑定两个 URL，绑定的 URL 规则分别是/homepage 和/index，具体代码如下所示。

```
@app.route('/homepage')
@app.route('/index')
def index():
    return f'<h1>这是首页！</h1>'
```

再次运行代码，通过浏览器分别访问 http://127.0.0.1:5000/index 和 http://127.0.0.1:5000/ homepage 看到的页面显示效果均如图 2-2 所示。

2.2　URL 传递参数

在 Flask 程序中，可以通过 URL 给视图函数传递参数，也可以通过转换器显式指定参数的类型。接下来，本节先为大家介绍 URL 传递参数的方式，再介绍如何为参数指定转换器。

2.2.1　URL 传递参数的方式

当调用 route()或 add_url_rule()方法注册路由时，可以在 URL 规则字符串中加入尖括号标识的变量，用于标记 URL 中动态变化部分的内容，之后将该变量作为参数传递给视图函数。URL 规则字符串中变量的基本格式如下所示。

```
<variable_name>
```

在上述格式中，variable_name 表示变量名。

接下来，演示如何通过 URL 传递参数，以及如何在视图函数中使用传递的参数，示例代码如下所示。

```
from flask import Flask
app = Flask(__name__)
@app.route('/<page>')         # URL 规则字符串中加入变量 page
def page_num(page):           # 将 page 传递给视图函数
    return f'当前为第{page}页'
if __name__ == '__main__':
    app.run()
```

上述加粗代码中，首先通过 route()方法注册路由，并在该方法中传入 URL 规则字符串/<page>，该字符串中包含一个变量 page，然后将 page 传递给视图函数 page_num()。

运行代码，通过浏览器访问 http://127.0.0.1:5000/1 后可以看到页面中显示了视图函数 page_num()返回的内容，如图 2-3 所示。

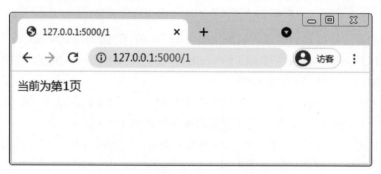

图 2-3　视图函数 page_num()返回的内容

从图 2-3 中可以看出，页面显示的内容为"当前为第 1 页"，说明 http://127.0.0.1:5000/1 中的 1 成功传递给了视图函数。

2.2.2　为参数指定转换器

当 URL 向视图函数传递参数时，如果需要限定参数的类型，那么可以通过转换器指定参数的类型。指定转换器的语法格式如下所示。

```
<converter:variable_name>
```

在上述格式中，converter 表示转换器，它支持两种类型的转换器，分别是内置转换器和自定义转换器。接下来，分别对内置转换器和自定义转换器进行介绍。

1. 内置转换器

Flask 框架中提供了 6 种内置转换器，关于这些转换器的说明如表 2-1 所示。

表 2-1　内置转换器

转换器	说明
string	默认转换器，匹配非空字符串，但不包含 "/"
any	匹配给定的一系列值中的某一个元素
int	匹配整型数据
float	匹配浮点型数据
path	与 string 类似，匹配非空字符串，但允许字符串中包含 "/"
uuid	匹配 UUID 字符串

需要说明的是，如果为参数明确指定了转换器，那么 URL 中传递的参数必须符合转换器要求的数据类型。例如，指定转换器为 int，当传递的参数值不属于整型数据时，服务器接收请求后会直接返回 404 错误响应。

接下来在 2.2.1 小节示例代码的基础上，为 URL 中传递的参数 page 显式指定转换器为 int，修改后的代码如下所示。

```
from flask import Flask
app = Flask(__name__)
@app.route('/<int:page>')
def page_num(page):
    return f'当前为第{page}页'
if __name__ == '__main__':
    app.run()
```

运行代码，在浏览器的地址栏中输入 http://127.0.0.1:5000/xy，按 Enter 键后会看到 404 页面，如图 2-4 所示；在浏览器的地址栏中再次输入 http://127.0.0.1:5000/10，按 Enter 键后会看到正常显示的页面，如图 2-5 所示。

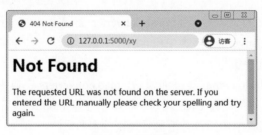

图 2-4　404 页面

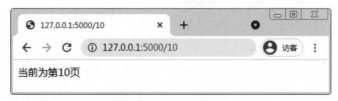

图 2-5　正常显示的页面

从图 2-4 中可以看出，URL 传递的参数 xy 不符合转换器要求的数据类型，服务器因为找不到请求的页面而出现 Not Found 信息；从图 2-5 中可以看出，URL 传递的参数为 10 时，由于 10 属于转换器要求的整型数据类型，所以正常显示了页面。

2. 自定义转换器

虽然内置的转换器能够满足绝大部分应用场景的需求，但在实际开发中可能需要对匹配参数进行限定，例如，限制参数的长度，这时内置的转换器就不能满足我们的需求了，需要开发人员自定义转换器。

自定义转换器本质上是一个类，该类需要继承 werkzeug.routing 模块中的 BaseConverter 类。BaseConverter 类中包含以下一些属性和方法。

- regex 属性：用于设置正则匹配规则。
- to_python()方法：用于将 URL 中的参数的类型转换为需要传递到视图函数中的类型。
- to_url()方法：用于将 Python 数据的类型转换为 URL 中使用的字符串类型。

自定义转换器定义完成之后，需要通过 url_map.converters 将其添加到转换器字典中。添加自定义转换器的格式如下所示。

```
程序实例.url_map.converters["自定义转换器名称"]=自定义转换器的类名
```

接下来，以匹配手机号的转换器为例演示如何定义和使用自定义转换器，具体代码如下所示。

```
1    from flask import Flask
2    from werkzeug.routing import BaseConverter
3    app = Flask(__name__)
4    class MobileConverter(BaseConverter):            # 自定义转换器
5        regex = "1[3-9]\d{9}$"                       # 定义匹配手机号的规则
6    app.url_map.converters["mobile"] = MobileConverter   # 添加到转换器字典中
7    @app.route("/user/<mobile:mobile>")
8    def index(mobile):
9        return f'手机号为：{mobile}'
10   if __name__ == '__main__':
11       app.run()
```

在上述代码中，第 2 行代码导入了 BaseConverter 类；第 4~5 行代码定义了一个表示自定义转换器的类 MobileConverter，该类中包含一个 regex 属性，该属性的值是符合正则表达式规则的字符串，用于匹配手机号。

第 6 行代码将 MobileConverter 类添加到 url_map.converters 字典中，并将自定义转换器的名称设置为 mobile；第 7 行代码在 URL 规则字符串中变量 mobile 的后面指定了自定义转换器 mobile，说明只向视图函数中传递符合手机号规则的参数。

运行代码，通过浏览器访问 http://127.0.0.1:5000/user/15000000000 后，可以看到页面中显示了自定义转换器的执行结果，如图 2-6 所示。

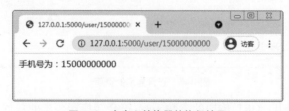

图 2-6　自定义转换器的执行结果

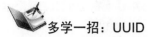
多学一招：UUID

UUID 是（Universally Unique Identifier，通用唯一识别码）的缩写，它是一种软件建构的标准，用于让分布式系统中的所有元素都能有唯一的辨识信息。如此一来，每个人都可以创建不会与其他人冲突的 UUID。

UUID 由 32 位十六进制数字构成，以连字符"-"将数字分隔成 5 组来显示，形式为 8-4-4-4-12，例如，223e1234-a99b-12d3-a426-5266cd448472。

2.3　处理请求

本节为大家介绍如何指定请求方式，并介绍 Flask 提供的请求钩子、请求上下文以及应用上下文。

2.3.1　指定请求方式

当我们在浏览器的地址栏中输入 URL 地址并按 Enter 键后，可以访问网站页面、向网站提交数据、下载网站中的资源，那么网站服务器如何判断要执行哪种操作呢？其实网站服务器会根据 HTTP 请求方式来处理不同的需求。

在 HTTP 规范中定义了一组常用的请求方式，例如，GET 负责从服务器请求某些资源，POST 会向服务器发送处理的数据等。HTTP 规范中定义的请求方式如表 2-2 所示。

表 2-2　HTTP 规范中定义的请求方式

请求方式	说明
GET	用于从服务器请求某些资源
POST	用于向服务器提交表单或上传文件，表单数据或文件数据会包含在请求体中
HEAD	类似 GET，但服务器返回的响应中没有具体内容，只有响应头部
PUT	用于从客户端向服务器传送的数据取代指定的文档的内容
DELETE	用于请求服务器删除指定的资源
OPTIONS	允许客户端查看服务器支持的各项功能
PATCH	PUT 的补充，用于对已知资源进行局部更新

Flask 程序中同样支持使用 HTTP 规范中的请求方式，我们可以在使用装饰器 route()或 add_url_rule()方法注册路由时传入参数 methods 来指定使用的请求方式，该参数会以列表形式接收一种或多种请求方式。

例如，在视图函数 login()前面通过装饰器 route()注册路由，并显式指定请求方式为 GET，示例代码如下所示。

```
@app.route('/login', methods=['GET'])
def login():
    pass
```

例如，在视图函数 login()前面通过装饰器 route()注册路由，并显式指定请求方式为 GET 和 POST，示例代码如下所示。

```
@app.route('/login', methods=['GET', 'POST'])
def login():
    pass
```

值得一提的是，在 Flask 程序的视图函数中，默认的请求方式为 GET，而 HEAD 和 OPTIONS 这两种请求方式由 Flask 自动处理。

Flask 2.0 及其之后的版本提供了指定部分请求方式的快捷函数，这些函数与请求方式的名称相同，且都是小写形式的。Flask 2.0 新增的指定请求方式的快捷函数如下。

- get()：route()传递 methods=['GET']的快捷函数。
- post()：route()传递 methods=['POST']的快捷函数。
- put()：route()传递 methods=['PUT']的快捷函数。
- delete()：route()传递 methods=['DELETE']的快捷函数。
- patch()：route()传递 methods=['PATCH']的快捷函数。

要想在 Flask 程序中使用上述快捷函数，将这些快捷函数以装饰器的形式添加在视图函数前面即可。例如，在视图函数 login()前面添加装饰器@app.post('/login')，代码如下所示。

```
@app.post('/login')
def login():
    pass
```

2.3.2　请求钩子

在现实生活中，我们观看视频网站中的会员视频时，视频网站在播放视频之前会先判断用户身份，若用户是网站会员则播放会员视频，否则一般将无法播放完整视频并会提示用户升级为会员。

在开发 Flask 程序时，一个网站中可能有多个功能的实现需要判断用户的身份。为了避免让每个视图函数编写判断用户身份的功能代码，Flask 提供了注册通用函数的功能，即请求钩子。Flask 提供的请求钩子如表 2-3 所示。

表 2-3　Flask 提供的请求钩子

请求钩子	说明
before_first_request	注册一个函数，在处理第一个请求之前执行，后续请求将不再执行
before_request	注册一个函数，在每一次请求之前执行
after_request	注册一个函数，该函数需要接收响应对象作为参数。若程序没有抛出异常，则会在每次请求后执行该函数
teardown_request	注册一个函数，即使程序有未处理的异常，也在每次请求之后执行该函数。如果程序发生异常，需要将该异常信息作为参数传入注册的函数
after_this_request	在视图函数内注册一个函数，在这个请求后执行，该函数需要接收响应对象作为参数

表 2-3 所示请求钩子注册的函数名称是开发者自定义的，无须与请求钩子名称相同。由表 2-3 可知，请求钩子会在请求处理的不同阶段执行，请求钩子的调用流程如图 2-7 所示。

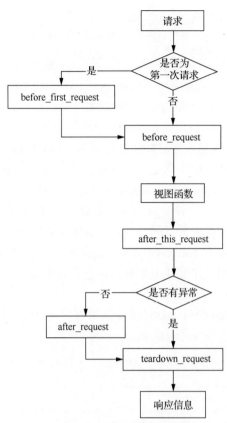

图 2-7 请求钩子的调用流程

在 Flask 程序中，请求钩子使用装饰器实现，它会在注册函数的前面通过 Flask 程序实例调用。接下来，编写代码演示 Flask 请求钩子的使用方法，具体代码如下所示。

```
1   from flask import Flask , after_this_request
2   app = Flask(__name__)
3   @app.before_first_request
4   def before_first_request():
5       print('这是请求钩子 before_first_request 注册的函数')
6   @app.before_request
7   def before_request():
8       print('这是请求钩子 before_request 注册的函数')
9   @app.route('/index')
10  def index():
11      print('hello flask')
12      @after_this_request
13      def after_this_request_func(response):
14          print('这是请求钩子 after_this_request_func 注册的函数')
15          return response
16      return 'hello flask'
17  @app.after_request
18  def after_request(response):
19      print('这是请求钩子 after_request 注册的函数')
20      return response
21  @app.teardown_request
```

```
22  def teardown_request(error):
23      print('这是请求钩子 teardown_request 注册的函数')
24  if __name__ == '__main__':
25      app.run()
```

上述代码中，第 3～5 行代码定义了 before_first_request()函数，并在该函数的前面添加了装饰器@app.before_first_request，说明第一个请求之前会执行 before_first_request()函数。

第 6～8 行代码定义了 before_request()函数，并在该函数的前面添加了装饰器@app.before_request，说明每次请求之前都会执行 before_request()函数。

第 12～16 行代码在视图函数内部定义了 after_this_request_func()函数，并在该函数的前面添加了装饰器@ after_this_request，说明这个请求之后会执行 after_this_request_func()函数。

第 17～20 行代码定义了 after_request()函数，并在该函数的前面添加了装饰器@app.after_request，说明程序没有异常时会在每次请求之后执行 after_request()函数。

第 21～23 行代码定义了 teardown_request()函数，并在该函数的前面添加了装饰器@app.teardown_request，说明程序即便发生异常也会在每次请求之后执行 teardown_request()函数。

运行代码，访问 http://127.0.0.1:5000/index 后可以看到页面中显示了 hello flask。再次刷新该页面，控制台输出的信息如图 2-8 所示。

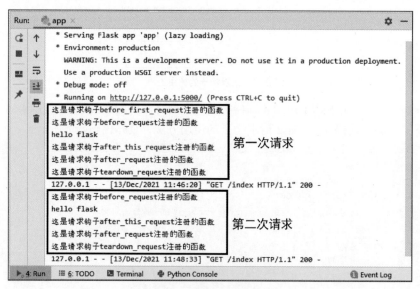

图 2-8　控制台输出的信息

从图 2-8 中可以看出，当浏览器第一次发送请求时执行了请求钩子 before_first_request，第二次发送请求时不再执行请求钩子 before_first_request。

2.3.3　上下文

上下文，即语境、语义。例如，对于一篇叙事文章，仅阅读摘录的一段内容，人们只能对文章中的内容一知半解，只有阅读文章的上下文才能了解这段内容的前因后果。在程序中，上下文可以理解为在代码执行到某一时刻时，根据之前代码所做的操作以及下文将要执行的逻辑，可以决定在当前环境下使用的变量或者执行的操作。

Flask 使用上下文临时保存程序运行过程中的一些信息。Flask 中有两种上下文，分别是请求上下文和应用上下文，其中应用上下文随着请求上下文的产生而产生，随着请求上下文的销毁而销毁。接下来，分别对请求上下文和应用上下文进行介绍。

1. 请求上下文

Flask 的请求上下文包括 request 对象和 session 对象，其中 request 对象封装了请求信息；session 对象用于记录请求会话中的用户信息。接下来，分别对 request 对象和 session 对象进行介绍。

（1）request 对象

request 对象中提供了用于处理请求信息的属性和方法，其常用属性和方法分别如表 2-4 和表 2-5 所示。

表 2-4　request 对象的常用属性

属性	说明
args	获取 URL 中的请求参数
method	获取请求的 HTTP 方式
cookies	获取包含 Cookie 名称和值的字典对象
data	获取字符串形式的请求数据
form	获取解析后的表单数据
values	包含 form 和 args 全部内容的 CombinedMultiDict
headers	获取首部字段
user_agent	获取浏览器标识信息

表 2-5　request 对象的常用方法

方法	说明
close()	关闭当前请求
get_data()	获取请求中的数据
get_json()	进行 JSON 解析并返回数据
make_form_data_parse()	创建表单数据解析器

接下来，以表 2-4 中介绍的 user_agent 属性为例，为大家演示如何通过 request 对象获取浏览器的标识信息，具体代码如下所示。

```
1    from flask import Flask
2    from flask import request
3    app = Flask(__name__)
4    @app.route('/index')
5    def index():
6        user_agent = request.user_agent      # 获取浏览器标识信息
7        return f'{user_agent}'
8    if __name__ == '__main__':
9        app.run()
```

在上述代码中，第 2 行代码从 flask 包中导入了 request 对象；第 5~7 行代码定义了视图函数 index()，在该函数中首先通过 request.user_agent 获取了浏览器的标识信息，之后将这些信息保存到变量 user_agent 中，然后返回了变量 user_agent 的值。

运行代码，通过浏览器访问 http://127.0.0.1:5000/index 后可以看到页面中展示了浏览器标识信息，如图 2-9 所示。

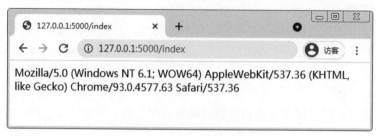

图 2-9　浏览器标识信息

（2）session 对象

因为 HTTP 是无状态的协议，也就是说浏览器发送的每个 HTTP 请求对于服务器而言都是彼此独立的，所以服务器无法判断请求是否由同一个浏览器发送。为了实现判断接收的请求是否由同一浏览器发送，服务器通常会通过会话跟踪技术实现状态保持，常用的会话跟踪技术有 Cookie 和 Session，其中 Cookie 通过在浏览器端记录信息来确定用户身份；Session 通过在服务器端记录信息来确定用户身份，它通常依赖于 Cookie。

在 Flask 的请求上下文中，session 对象用于管理 Session，以实现状态保持。session 对象实现状态保持的原理如下。

- 当服务器收到浏览器发送的请求时，会检查浏览器中是否包含名称为 session 的 Cookie 信息，如果不存在，那么浏览器会认为当前请求是新会话，并会生成名称为 session 的信息存储到浏览器的 Cookie 中。

- 浏览器在下一次请求服务器时，将携带 Cookie 中存储的 session 信息，此时服务器通过浏览器提交的 session 信息便可以辨别出当前请求属于哪个用户。

在 Flask 中，session 对象提供了很多获取 Cookie 信息的方法，其常用方法如表 2-6 所示。

表 2-6　session 对象的常用方法

方法	说明
get(key)	通过传入的 key 值，获取 Cookie 中对应的 value 值
pop(key)	通过传入的 key 值，删除 Cookie 中对应的 value 值
items()	将 Cookie 中的值以 "key:value" 形式返回
values()	获取 Cookie 中所有的 value 值
clear()	清空当前站点 Cookie 中的内容
keys()	获取 Cookie 中所有的 key 值
update()	接收字典，将接收的字典更新或添加到 Cookie 中

需要注意的是，session 对象通过密钥实现对数据的加密，因此我们在 Flask 程序中需要通过 Flask 程序实例的 secret_key 属性或配置项 SECRET_KEY 设置密钥，密钥是具有一定复杂度的字符串或随机的字符串。

接下来，通过一个用户登录的案例演示如何使用 session 对象实现会话保持的功能，具体代码如下所示。

```
 1   from flask import Flask, session, request        # 导入 session 对象
 2   app = Flask(__name__)
 3   app.secret_key = 'Your_secret_key&^52@!'          # 设置 secret_key 的值
 4   @app.route('/index')
 5   def index():
 6       if 'username' in session:
 7           return f'你好：{session.get("username")}'
 8       return '请登录'
 9   @app.route('/login', methods=['GET', 'POST'])
10   def login():
11       if request.method == 'POST':
12           session['username'] = request.form['username'] # 设置 session 值
13           return '登录成功'
14       return '''
15       <form method="post">
16           <p><input type=text name=username>
17           <p><input type=submit value='登录'>
18       </form>
19       '''
20   if __name__ == '__main__':
21       app.run()
```

在上述代码中，第 1 行代码从 flask 包中导入了 session 对象；第 3 行代码通过 secret_key 属性设置了密钥；第 5～8 行代码定义了视图函数 index()，在该函数中区分了用户登录和未登录的情况：若用户已经登录，则会从 session 对象中获取键 username 对应的值并进行返回，否则返回"请登录"。

第 10～19 行代码定义了视图函数 login()，在该函数中区分了 GET 请求和 POST 请求两种情况：若浏览器发送的是 GET 请求，则会在页面上显示一个输入框和"登录"按钮；若浏览器发送的是 POST 请求，则会在 session 对象中保存键为 username 的 Cookie 信息，并在页面显示"登录成功"。

运行代码，通过浏览器访问 http://127.0.0.1:5000/login 后可以看到页面中展示了 login()函数返回的内容，如图 2-10 所示。

图 2-10　login()函数返回的内容

在图 2-10 所示的输入框中输入"Flask"，单击"登录"按钮后可以看到页面会显示"登录成功"的信息。访问 http://127.0.0.1:5000/index 后可以看到页面显示了视图函数 index()返回的内容，如图 2-11 所示。

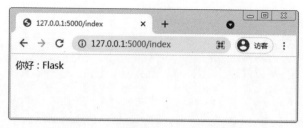

图 2-11　视图函数 index()返回的内容

从图 2-11 中可以看出，页面展示了从 session 中获取的 username 对应的值，说明通过 session 成功实现了会话保持。

2. 应用上下文

Flask 的应用上下文包括 current_app 对象和 g 对象，其中 current_app 对象表示当前激活的 Flask 应用程序实例；g 对象表示程序的全局临时变量。我们可以通过 g 对象在一次请求调用的多个函数间传递一些数据，每次请求都会重设这个变量。接下来，分别对 current_app 对象和 g 对象进行介绍。

（1）current_app 对象

当 Flask 程序无法导入程序实例或程序中有多个程序实例时，为了能够快速区分当前请求的程序实例，可以使用 current_app 对象。例如，使用 current_app 对象获取当前程序中的密钥，具体代码如下所示。

```python
from flask import Flask, current_app        # 导入 current_app 对象
app = Flask(__name__)
app.secret_key = 'Your_secret_key&^52@!'
@app.route('/')
def index():
    # 通过 current_app 对象获取密钥
    return f'{current_app.secret_key}'
if __name__ == '__main__':
    app.run()
```

运行代码，通过浏览器访问 http://127.0.0.1:5000 后可以看到页面中展示了视图函数 index()返回的当前程序使用的密钥，如图 2-12 所示。

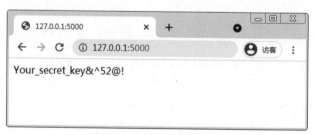

图 2-12　当前程序使用的密钥

（2）g 对象

g 对象存储了一次请求的所有用户信息，例如，用户的登录信息、数据库的连接信息等。在同一次请求中，如果后续的代码中需要用户登录信息或数据库连接信息则都可以通过 g 对象获取。当请求完成之后，g 对象便会销毁；当发送新的请求时，g 对象会随之生成。

例如，使用 g 对象模拟获取当前用户信息，具体代码如下所示。

```
1   from flask import Flask, g
2   app = Flask(__name__)
3   @app.route('/')
4   def get_user():
5       user_id = '001'              # 设置用户 ID
6       user_name = 'flask'          # 设置用户名称
7       g.user_id = user_id          # 将用户 ID 保存到 g 对象中
8       g.user_name = user_name      # 将用户名称保存到 g 对象中
9       result = db_query()
10      return f'{result}'
11  def db_query():
12      user_id = g.user_id          # 使用 g 对象获取用户 ID
13      user_name = g.user_name      # 使用 g 对象获取用户名称
14      return f'{user_id}:{user_name}'
15  if __name__ == '__main__':
16      app.run()
```

上述代码中，第 4～10 行代码定义了视图函数 get_user()，在该函数中首先设置用户 ID 为 001、用户名称为 flask，并将这些用户信息保存到 g 对象中，然后调用函数 db_query() 查询用户的信息。

第 11～14 行代码定义了函数 db_query()，在 db_query() 函数中分别从 g 对象中获取了用户 ID 和用户名称，并将这些信息以"用户 ID:用户名称"的形式返回。

运行代码，通过浏览器访问 http://127.0.0.1:5000 后可以看到页面中展示了视图函数 get_user() 返回的内容，如图 2-13 所示。

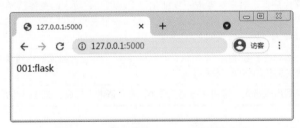

图 2-13　视图函数 get_user() 返回的内容

2.4　处理响应

本节为大家介绍响应报文及在 Flask 程序中主动生成响应的方法。

2.4.1　响应报文

在 Flask 程序中，浏览器发出的请求会触发相应的视图函数，并会将视图函数的返回值作为响应体，之后会生成完整的响应内容，即响应报文。响应报文主要由 4 个部分组成，分别是状态行、响应报头、空行以及响应体。响应报文的格式如图 2-14 所示。

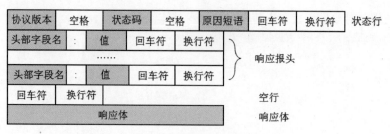

图 2-14　响应报文的格式

下面分别对状态行和响应报头进行介绍。

1. 状态行

状态行主要由协议版本、状态码和原因短语组成，其中协议版本表示网站服务器使用的传输协议以及版本，如 HTTP/1.0；状态码表示响应内容的状态；原因短语是对状态码的简单说明。

状态码由三位数字组成，其中第 1 位数字表示响应的类别，它的取值为 1～5，其中 1×× 代表请求已接收，需要继续处理；2×× 代表请求已经成功被服务器接收、理解等；3×× 代表客户端需要进一步"细化"请求；4×× 代表客户端的请求有错误；5×× 代表服务器出现错误。状态码说明如表 2-7 所示。

表 2-7　状态码说明

状态码	说明
100～199	表示服务器成功接收部分请求，要求客户端继续提交其余请求，这样才能完成全部处理
200～299	表示服务器成功接收请求并已完成全部处理，常用的状态码为 200，表示请求成功
300～399	为完成请求，客户端需进一步细化请求。例如，请求的资源已经移动到新地址，常用状态码包括 302（表示所请求的页面已经临时转移至新的 URL）、307 和 304（表示使用缓存资源）
400～499	客户端的请求有错误，常用状态码包括 404（表示服务器无法找到被请求的页面）和 403（表示服务器拒绝访问，权限不够）
500～599	服务器出现错误，常用状态码为 500，表示请求未完成，服务器遇到不可预知的情况

2. 响应报头

响应报头用于为客户端提供一些额外的信息，通过这些额外的信息可以告知客户端更多的响应信息，包括服务器的名称和版本、响应体的类型等信息。响应报头由多个字段与值组成，字段与值之间以英文冒号进行分隔。响应报头中常见的字段如表 2-8 所示。

表 2-8　响应报头中常见的字段

字段	说明
Age	当前页可以在客户端或代理服务器中缓存的有效时间，单位为秒
Server	服务器应用程序的名称和版本
Content-Type	服务器发送的响应体的类型
Content-Encoding	告知客户端采用哪种解码方式对响应体进行解码
Content-Length	响应体的长度，单位为字节

表 2-8 中介绍的 Content-Type 字段的常用取值有 text/plain、text/html 和 application/json，分别表示响应内容是纯文本、HTML 文本或 JSON 文本。

2.4.2 生成响应

前文示例的所有视图函数均返回字符串，其实 Flask 内部会自动将该字符串转换成 Response 类的对象。在 Flask 中，Response 类表示响应，它封装了响应报文的相关信息。如果希望在 Flask 程序中主动生成响应，一般可以通过 Response 类的构造方法或 make_response() 函数来实现，关于它们的介绍如下。

1. Response 类的构造方法

Response 类的构造方法的声明如下所示。

```
Response(response, status, headers, mimetype,
         content_type, direct_passthrough)
```

上述构造方法中常用参数的含义如下。

- response：可选参数，表示视图函数返回的响应体。
- status：可选参数，表示响应状态码。
- headers：可选参数，表示响应报头。
- mimetype：可选参数，表示响应体的 MIME（Multipurpose Internet Mail Extensions，多用途互联网邮件扩展）类型。
- content_type：可选参数，表示响应体的类型。

接下来，以 Response 类的构造方法为例，为大家演示如何通过 Response 类的构造方法生成响应，具体代码如下所示。

```
1    from flask import Flask, Response
2    app = Flask(__name__)
3    @app.route('/index')
4    def index():
5        # 使用 Response 类的构造方法生成响应，设置响应状态码为 201，响应类型为 text/html
6        resp = Response(response='Python&Flask',status=201,
7                        content_type='text/html;charset=utf-8')
8        return resp
9    if __name__ == '__main__':
10       app.run()
```

上述代码中，第 1 行代码导入了 Response 类；第 4～8 行代码定义了视图函数 index()，在该函数中首先调用 Response 类的构造方法生成响应，并通过传入 response、status 和 content_type 参数的值依次设置响应体为 Python&Flask、响应状态码为 201、响应类型为 text/html。

运行代码，在浏览器的地址栏中输入 http://127.0.0.1:5000/index 并按 Enter 键后页面会展示响应内容，之后通过浏览器的开发者工具查看响应状态码和响应类型，如图 2-15 所示。

观察图 2-15 可知，响应状态码为 201，响应类型为 text/html。

2. make_response()函数

make_response()函数也可用于生成响应，它可以接收 str、bytes、dict 和 tuple 共 4 种类型的参数，当参数的类型为 tuple 时，参数的值可以为(body, status, headers) 、(body, status)或

(body, headers)中的任意一种形式。其中 body 表示响应体，status 表示响应状态码，headers 表示响应报头。headers 的值可以是字典或(key,value)形式的元组。

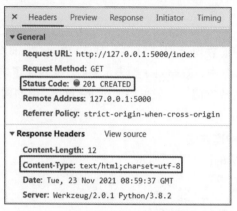

图 2-15　查看响应状态码和响应类型（1）

接下来，为大家演示如何通过 make_response()函数生成响应，示例代码如下所示。

```
1  from flask import Flask, make_response
2  app = Flask(__name__)
3  @app.route('/index')
4  def index():
5      res = make_response('Python&Flask',201,
6                          {'content-type':' text/html;charset=utf-8'})
7      return res
8  if __name__ == '__main__':
9      app.run()
```

上述代码中，第 1 行代码导入了 make_response()函数；第 4~7 行代码定义了视图函数 index()，在该函数中调用了 make_response()函数生成响应，并通过传入一个元组依次设置响应体为 Python&Flask、响应状态码为 201、响应类型为 text/html。

重启开发服务器，访问 http://127.0.0.1:5000/index 后页面同样会展示响应内容，之后通过浏览器的开发者工具查看响应状态码和响应类型，如图 2-15 所示。

此外，视图函数返回的响应体除了可以响应纯文本类型或 HTML 类型的数据之外，还可以响应 JSON 类型的数据。若视图函数返回的响应体为 JSON 格式的字符串，我们可以通过 json 模块将 Python 字典、列表或元组序列化为 JSON 格式的字符串，也可以通过 Flask 提供的快捷函数 jsonify()将传入的参数序列化为 JSON 格式的字符串。两者的区别在于，前者会将响应类型设置为 text/html，而后者会将响应类型设置为 application/json。

接下来，为大家演示如何通过 make_response()函数生成 JSON 类型的响应数据，示例代码如下所示。

```
1  from flask import Flask, make_response, jsonify
2  app = Flask(__name__)
3  @app.route('/response')
4  def resp():
5      res = make_response(jsonify({'Python':'Flask'}),202)
6      return res
7  if __name__ == '__main__':
8      app.run()
```

　　上述代码中，第 4～6 行代码定义了视图函数 resp()，在该函数中调用了 make_response() 函数生成响应，并通过调用 jsonify() 函数将 {'Python':'Flask'} 序列化为 JSON 格式的字符串，设置响应状态码为 202。

　　重启开发服务器，访问 http://127.0.0.1:5000/response 后页面会展示响应内容，之后通过浏览器的开发者工具查看响应状态码和响应类型，如图 2-16 所示。

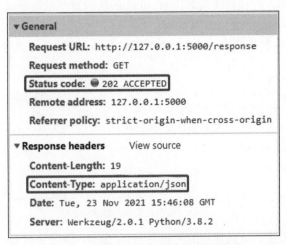

图 2-16　查看响应状态码和响应类型（2）

　　从图 2-16 中可以看出，响应状态码为 202，响应类型为 application/json。

　　值得一提的是，在 Flask 程序中通常使用 make_response() 函数生成响应，这是因为该函数支持接收较多类型的参数。

2.5　URL 反向解析

　　使用 Flask 开发程序时我们可以以硬编码的方式在程序中使用 URL，但采用此种方式会使 URL 与程序具有较高的耦合度。当某个 URL 修改之后，程序中与之对应的 URL 都需要进行同步修改，这样不仅不利于 URL 的维护，还可能会因为忘记修改 URL 导致程序出现错误。

　　为了解决上述问题，flask.url_for 模块中提供了 URL 反向解析的函数 url_for()，该函数可以根据视图函数的名称获取对应的 URL。url_for() 函数的声明如下所示。

```
url_for(endpoint, values,_external,_scheme,_anchor,_method,**values)
```

url_for() 函数中常用参数的含义如下。

- endpoint：必选参数，表示反向解析的端点（用于标记视图函数以及对应的 URL 规则）名称，默认值为视图函数名。
- values：可选参数，表示 URL 地址传递的参数。
- _external：可选参数，表示是否供程序外部使用，默认值为 False，若为 True，则返回绝对 URL 地址，例如 http://127.0.0.1:5000/hello/flask。

　　接下来，演示如何使用 url_for() 函数对 URL 进行反向解析，示例代码如下所示。

```
1   from flask import Flask, url_for
2   app = Flask(__name__)
```

```
3    @app.route('/hello/flask')
4    def greet():
5        return f"{url_for('greet')}"   # 反向解析视图函数 greet()对应的 URL
6    if __name__ == '__main__':
7        app.run()
```

上述代码中，第 4~5 行代码定义了视图函数 greet()，以及定义了触发该函数的 URL 规则为/hello/flask。其中第 5 行代码通过调用 url_for()函数对视图函数 greet()的 URL 规则进行反向解析，并将反向解析的结果展示到页面中。

运行代码，通过浏览器访问 http://127.0.0.1:5000/hello/flask 后可以看到页面中展示了 URL 反向解析的结果，如图 2-17 所示。

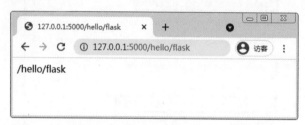

图 2-17　URL 反向解析的结果（1）

从图 2-17 中可以看出，页面显示的内容为/hello/flask，说明通过 url_for()函数成功地反向解析了视图函数 greet()绑定的 URL 规则。

若 URL 规则中包含要传递的参数，则调用 url_for()函数时需要将该参数以关键字参数形式传递。

接下来，演示 URL 规则中包含参数时如何使用 url_for()函数对 URL 规则进行反向解析，示例代码如下所示。

```
1    from flask import Flask, url_for
2    app = Flask(__name__)
3    @app.route('/hello/<name>')
4    def greet(name):
5        return f"{url_for('greet',name=name)}"
6    if __name__ == '__main__':
7        app.run()
```

上述代码中，第 3 行代码注册路由时指定的 URL 规则中包含变量 name，第 4~5 行代码将 name 传递给视图函数 greet()，之后在 greet()函数内部反向解析时将 name 以关键字参数形式传递。

运行代码，通过浏览器访问 http://127.0.0.1:5000/hello/flask 后可以看到页面中展示了 URL 反向解析的结果，如图 2-18 所示。

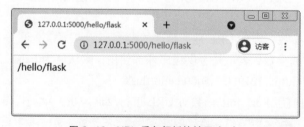

图 2-18　URL 反向解析的结果（2）

由图 2-18 可知，页面显示的内容为/hello/flask，说明通过 url_for()函数成功地反向解析了向视图函数传递的参数。

另外，使用 url_for()函数反向解析 URL 时，除了传递 URL 规则中的参数以外，还可以传递任何额外参数给 URL 地址的参数，示例代码如下所示。

```
1    from flask import Flask, url_for
2    app = Flask(__name__)
3    @app.route('/hello/<name>')
4    def greet(name):
5        # 将age=20 添加到 URL 地址中
6        return f"{url_for('greet',name=name, age=20)}"
7    if __name__ == '__main__':
8        app.run()
```

上述代码中，第 6 行代码调用 url_for()函数对视图函数 greet()进行反向解析，并传入了 URL 传递的参数 name，同时还以关键字参数形式传入 age=20。

运行代码，通过浏览器访问 http://127.0.0.1:5000/hello/zhangsan 后可以看到页面中展示了 URL 包含参数的反向解析结果，如图 2-19 所示。

图 2-19　URL 包含参数的反向解析结果

从图 2-19 可以看出，页面显示的 URL 末尾增加了参数 age 的相关信息，且该参数的值为 20。

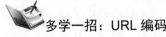**多学一招：URL 编码**

URL 编码用于将 URL 中的非 ASCII 字符的特殊字符转换为可以被 Web 浏览器和服务器接收的字符。在 Flask 中，url_for()函数可以对 URL 地址中的一些特殊字符自动编码，例如，URL 地址为/hello/zhangsan?addr=北京，url_for()函数会将其编码为/hello/zhangsan?address=%E5%8C%97%E4%BA%AC。

2.6　页面重定向

页面重定向在 Web 程序中应用得非常普遍，例如，当用户在电商网站购买商品时，电商网站若检测到用户还未登录，则会将当前页面重定向到登录页面。在 Flask 程序中，页面重定向功能可以通过 redirect()函数实现，redirect()函数的声明如下所示。

```
redirect(location, code=302, Response=None)
```

redirect()函数中各参数的含义如下。

* location：必选参数，表示重定向的 URL 地址。
* code：可选参数，表示重定向状态码，默认状态码为 302。

- Response：可选参数，表示实例化响应时使用的 Response 类，若未指定则默认使用的响应类为 werkzeug.wrappers.Response。

接下来，通过一个用户登录的案例演示如何通过 redirect()函数实现登录页面与欢迎页面的重定向，即当用户首次访问欢迎页面时，若 session 中还没有记录过这个用户名，则会将欢迎页面重定向到登录页面；当用户在登录页面输入用户名登录后，会将登录页面重定向到欢迎页面。具体代码如下所示。

```
1  from flask import Flask, url_for, request, redirect, session
2  app = Flask(__name__)
3  app.secret_key = 'Your_secret_key&^52@!'
4  @app.route('/index')
5  def index():
6      if 'username' in session:
7          return f'你好：{session.get("username")}'  # 返回欢迎信息
8      return redirect(url_for("login"))                # 页面重定向到登录页面
9  @app.route('/login', methods=['GET', 'POST'])
10 def login():
11     if request.method == 'POST':
12         session['username'] = request.form['username']
13         return redirect(url_for('index'))             # 页面重定向到欢迎页面
14     # 当发送 GET 请求时，页面显示输入框和"登录"按钮
15     return '''
16         <form method="post">
17             <p><input type=text name=username>
18             <p><input type=submit value=登录>
19         </form>
20     '''
21 if __name__ == '__main__':
22     app.run()
```

上述代码中，第 5～8 行代码定义了视图函数 index()，在该函数中处理了用户登录和未登录的情况：若 session 中包含用户名，说明用户当前处于登录状态，此时会在页面上显示"你好：××"信息；若 session 中没有用户名，说明用户当前处于未登录状态，此时会将页面重定向到登录页面。

第 9 行通过装饰器 route()注册路由，URL 规则为/login，请求方式为 GET 和 POST。

第 10～20 行代码定义了视图函数 login()，在该函数中处理了 GET 请求和 POST 请求的情况：若用户发送的请求为 POST 请求，这时需要将用户名记录到 session 中，之后将页面重定向到欢迎页面；若用户发送的请求为 GET 请求，这时只需要在当前页面显示输入框和"登录"按钮。

运行代码，首次访问 http://127.0.0.1:5000/index 会跳转到登录页面，登录页面如图 2-20 所示。

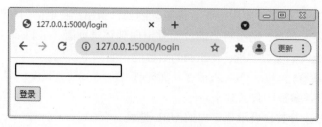

图 2-20　登录页面

在图 2-20 所示页面的输入框中输入 itcast，单击"登录"按钮会跳转到欢迎页面，该页面中展示了欢迎用户的信息。欢迎页面如图 2-21 所示。

图 2-21　欢迎页面

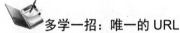多学一招：唯一的 URL

在浏览器中访问某些页面时，我们可以看到有些页面的 URL 地址末尾包含"/"，有些 URL 地址末尾没有"/"，例如 http://127.0.0.1:5000/static/goods/和 http://127.0.0.1:5000/static/goods。这两个地址看起来非常相似，但它们的访问结果是不同的，前者访问的是 goods 目录下的资源，比如 book.jpg 或 tea.jpg 文件，而后者访问的是 goods 资源。由此可见，http://127.0.0.1:5000/static/goods/和 http://127.0.0.1:5000/static/goods 是两个不同的 URL 地址。

当我们在 Flask 程序中注册路由时，若编写的代码为@app.route('/static/goods/')，访问 http://127.0.0.1:5000/static/goods/时可以正常显示页面的内容，访问 http://127.0.0.1:5000/static/goods 也能正常显示页面，且页面效果完全相同。为什么会出现这种情况呢？其实这是 Flask 处理后的结果。

当我们在 Flask 程序中注册路由时，若 URL 地址以"/"结尾，但用户请求相应页面时使用的 URL 地址末尾没有加"/"，则会将当前页面重定向到 URL 地址末尾加"/"的页面。为了保持访问资源的 URL 唯一，使加"/"和不加"/"的 URL 地址能指向不同的资源，建议注册路由时在 URL 末尾不加"/"。

下面以@app.route('/static/goods')和@app.route('/static/goods/')为例，通过表格来罗列末尾包含和不包含"/"的 URL 访问结果，具体如表 2-9 所示。

表 2-9　末尾包含"/"和不包含"/"的 URL 访问结果

示例	URL 地址	是否可访问
@app.route('/static/goods')	http://127.0.0.1:5000/static/goods/	不可以
	http://127.0.0.1:5000/static/goods	可以
@app.route('/static/goods/')	http://127.0.0.1:5000/static/goods/	可以
	http://127.0.0.1:5000/static/goods	可以

2.7　本章小结

本章首先介绍了如何在 Flask 程序中注册路由并向 URL 中传递参数，然后介绍了 Flask

程序接收请求之后如何进行请求处理，接着介绍了如何在 Flask 程序中处理响应，最后介绍了 URL 反向解析和页面重定向。希望通过学习本章的内容，读者能够掌握 Flask 中路由的使用方法，为后续的学习奠定扎实的基础。

2.8　习题

一、填空题

1. Flask 程序中可通过 route() 和_____方法注册路由。
2. 自定义转换器需要继承_____。
3. 自定义转换器定义完成之后，需要通过_____将其添加到转换器字典中。
4. Flask 程序中，URL 字符串中使用_____标识变量。
5. Flask 中上下文分为请求上下文和_____。

二、判断题

1. 在 Flask 程序中，一个视图函数可以绑定多个 URL 规则。（　　）
2. Flask 的请求上下文包括 request 对象和 g 对象。（　　）
3. 使用 jsonify() 函数可以将响应数据序列化为 JSON 格式的字符串。（　　）
4. Flask 使用上下文临时保存程序运行过程中的一些信息。（　　）
5. 常用的会话跟踪技术有 Cookie 和 Session。（　　）

三、选择题

1. 下列选项中，用于在使用 add_url_rule() 方法注册路由时设置端点名称的参数是（　　）。
　　A. rule　　　　　　B. endpoint　　　　C. view_func　　　D. methods
2. 下列选项中，用于匹配整型数据的内置转换器是（　　）。
　　A. string　　　　　B. any　　　　　　C. int　　　　　　D. float
3. 下列选项中，用于获取 URL 中请求参数的是（　　）。
　　A. args　　　　　　B. methods　　　　C. cookies　　　　D. data
4. 下列选项中，表示请求成功的状态码是（　　）。
　　A. 100　　　　　　B. 200　　　　　　C. 301　　　　　　D. 400
5. 下列选项中，用于从服务器请求某些资源的请求方式是（　　）。
　　A. PUT　　　　　　B. HEAD　　　　　C. POST　　　　　D. GET

四、简答题

1. 简述 URL 传递参数的方式。
2. 简述 Flask 中请求上下文和应用上下文包含的对象及用途。

第 3 章

模板

◆ 了解模板与模板引擎 Jinja2，能够表述模板引擎和模板的作用

◆ 了解模板变量的语法，能够在 Jinja2 模板中定义模板变量

◆ 掌握过滤器的使用方式，能够在 Jinja2 模板中使用过滤器过滤模板变量保存的数据

◆ 掌握选择结构的使用方式，能够在 Jinja2 模板中使用选择结构实现分支判断的功能

◆ 掌握循环结构的使用方式，能够通过循环结构对模板中的变量进行遍历

◆ 掌握宏的定义方式，能够通过 macro 和 endmacro 定义宏

◆ 掌握宏的调用方式，能够在 Jinja2 模板文件中灵活调用定义的宏

◆ 掌握消息闪现的实现方式，能够通过 flash()函数和 get_flashed_messages()函数实现消息闪现

◆ 掌握静态文件的加载方式，能够在 Jinja2 模板文件中加载静态文件

◆ 掌握模板继承机制，能够解决模板文件中的代码冗余问题

虽然我们可以在 Flask 程序的视图函数中编写 HTML 代码，但是在实际开发 Web 项目时，一个完整的页面往往有上百行甚至上千行 HTML 代码。如果将 HTML 代码全部写到视图函数中，这样不仅会使项目的代码变得冗余，而且后期会难以维护。为了规避这种情况，我们通常会将每个页面的 HTML 代码保存到一个单独的模板文件中，使展示页面的 HTML 逻辑代码与 Python 逻辑代码分离，实现表现逻辑和业务逻辑分离的效果。本章将针对模板的相关内容进行介绍。

拓展阅读

3.1 模板与模板引擎 Jinja2

Flask 程序的模板就是文件，它可以生成任何基于文本格式的文件，如 HTML、XML、CSV等格式的文件，模板文件的文本格式通常为 HTML 格式。模板文件中除了包含固定的 HTML代码外，还可以包含描述数据如何插入 HTML 代码的动态内容，这些动态内容往往会按照模板引擎支持的特殊语法标记为变量。

模板引擎用于识别模板中的特殊语法标记，它会结合请求上下文环境将变量替换为真实

的值，生成最终的 HTML 页面，这个过程称为渲染。

Flask 默认使用的模板引擎是 Jinja2，Jinja2 是一个功能齐全的模板引擎，它除了允许在模板中使用变量之外，还允许在模板中使用过滤器、选择结构、循环结构、宏等，以多种方式控制模板的输出。

需要说明的是，Flask 依赖模板引擎 Jinja2，在安装它时会自动安装 Jinja2，因此，我们在 Flask 程序中可以直接使用 Jinja2，无须另行安装。

在 Flask 程序中使用模板一般分为两个步骤，第一步是创建模板，第二步是使用 Jinja2 模板引擎渲染模板，关于它们的介绍如下。

1. 创建模板

创建模板其实就是创建 HTML 文件。为了保证 Flask 程序能够加载模板文件，我们需要在项目的根目录下新建一个 templates 文件夹，之后将程序中用到的所有模板文件存放到该文件夹中。

值得一提的是，templates 是 Flask 预先定义好的模板文件夹名称，如果希望使用其他的文件夹名称，则可以在通过代码创建 Flask 类对象时为 template_folder 参数传入其他文件夹名称。

2. 使用 Jinja2 模板引擎渲染模板

为了能够使用 Jinja2 模板引擎渲染模板，flask 包中提供了 render_template()函数。render_template()函数的声明如下所示。

```
render_template(template_name_or_list, **context)
```

render_template()函数中各参数的含义如下。

- template_name_or_list：必选参数，表示要加载的模板名称。
- **context：可选参数，表示向模板文件传递的参数，以关键字参数的形式进行传递。注意，关键字参数的名称必须与模板文件中的变量名称保持一致。

接下来，通过一个案例分步骤演示如何在 Flask 程序中使用模板，具体步骤如下。

（1）通过 PyCharm 工具创建一个 Flask 程序，即 Chapter03 项目，在 Chapter03 项目的根目录下新建 templates 文件夹，在该文件夹下创建模板文件 index.html，并在 index.html 文件中编写 HTML 代码，具体代码如下所示。

```
1   <!DOCTYPE html>
2   <html lang="en">
3   <head>
4      <meta charset="UTF-8">
5   </head>
6   <body>
7      {#一级标题#}
8      <h1>Hello Flask!</h1>
9   </body>
10  </html>
```

上述代码中，第 8 行代码使用<h1>标签定义了一级标题，标题的内容为"Hello Flask!"。

（2）在 Chapter03 项目中创建一个 app.py 文件，并在该文件中定义一个视图函数，再在视图函数中渲染模板文件 index.html，具体代码如下所示。

```
1   from flask import Flask, render_template  # 导入 render_template
2   app = Flask(__name__)
3   @app.route('/index')
```

```
4    def index():
5        return render_template('index.html')  # 渲染模板文件 index.html
6    if __name__ == '__main__':
7        app.run()
```

上述代码中，第 4～5 行代码定义了一个视图函数 index()，在该函数中调用 render_template()
函数渲染模板文件 index.html，并将渲染后的结果作为响应返回给浏览器。

（3）运行代码，通过浏览器访问 http://127.0.0.1:5000/index 后可以看到 index.html 页面的
内容，具体如图 3-1 所示。

图 3-1　index.html 页面（1）

由图 3-1 可知，页面中显示了一级标题 "Hello Flask!"，说明在 Flask 程序中成功地使用
了模板。

3.2　模板基础语法

Flask 程序使用 Jinja2 渲染模板，为了使模板文件更好地配合 Jinja2 模板引擎，我们需要
先了解 Jinja2 模板引擎提供的模板语法，基础语法包括模板变量、过滤器、选择结构和循环
结构。接下来，本节将针对 Jinja2 模板引擎的基础语法进行介绍。

3.2.1　模板变量

模板变量是一种特殊的占位符，它用于标识模板中会动态变化的数据，当模板被渲染时，
模板引擎将模板中的变量替换为由视图函数传递的真实数据。模板变量的基本语法格式如下
所示。

```
{{ variable }}
```

上述格式中，variable 表示模板变量的名称，变量名称应与视图函数中传递的关键字参数
的名称相同。模板变量的命名规则与 Python 变量的命名规则相同。

接下来，在 3.1 节介绍的案例的基础上分步骤演示如何在模板中使用模板变量，具体步骤
如下。

（1）在 3.1 节介绍的 app.py 文件的视图函数 index() 中定义一个变量，之后将该变量传入
render_template() 函数。index() 函数修改后的代码如下所示。

```
@app.route('/index')
def index():
    name = 'World'
    return render_template('index.html', name=name)
```

上述函数中，首先定义了变量 name，变量的值为'World'；然后调用 render_template() 函数

渲染模板并返回渲染后的结果，该函数中传入的第 2 个参数为 name=name，其中等号前面的 name 对应模板变量的名称，等号后面的 name 为视图函数中定义的变量 name。

（2）对 3.1 节介绍的 index.html 文件进行修改，在<body>标签中使用模板变量 name 标识真实值插入的位置，<body>标签修改后的代码如下所示。

```
<body>
    {#一级标题为"Hello Flask!"#}
    <h1>Hello {{name}}!</h1>
</body>
```

（3）重启开发服务器，再次访问 http://127.0.0.1:5000/index 后可以看到 index.html 页面的内容，具体如图 3-2 所示。

图 3-2　index.html 页面（2）

Jinja2 能够识别所有类型的变量，例如列表、字典和对象等。若变量保存的数据是列表，则可以通过索引获取列表中的某个元素；若变量保存的数据是字典，则可以通过字典的键获取相应的值；若变量保存的数据是对象，则可以通过点字符访问对象中的属性或方法。在模板中获取变量的数据的示例代码如下所示。

```
{{ info[3] }}              # info 是列表，获取列表中索引为 3 的数据
{{ info[username] }}       # info 是字典，获取字典中键为 username 的数据
{{ info.items() }}         # info 是对象，获取对象调用 items()方法返回的数据
```

需要注意的是，如果视图函数未向模板变量传递数据，或者访问模板变量中不存在的数据，则会在模板的相应位置将原来的内容替换为空的字符串。

3.2.2　过滤器

在 Jinja2 中，过滤器是用于修改或过滤模板变量值的特殊函数，使用过滤器可以获取更精确的数据。过滤器的语法格式如下所示。

```
{{ variable|filter(parameter) }}
```

上述格式中，variable 表示变量的名称，filter(parameter)表示使用的过滤器，其中 parameter 表示传递给过滤器的参数，变量名称和过滤器之间使用竖线分隔。如果没有任何参数传给过滤器，则括号可以省略。一个模板变量可以使用多个过滤器，多个过滤器之间使用竖线分隔。

Jinja2 中提供了很多供开发者使用的内置过滤器，它也允许开发者使用自定义的过滤器。接下来，分别对内置过滤器和自定义过滤器进行介绍。

1. 内置过滤器

Jinja2 提供了许多内置过滤器，常用的内置过滤器如表 3-1 所示。

表 3-1 常用的内置过滤器

过滤器	说明
abs()	返回给定参数的绝对值
random()	返回给定列表中的随机元素
safe()	将变量值标记为安全，保证渲染时不进行转义
tojson()	将给定参数序列化为 JSON 字符串
escape()	用 HTML 安全序列替换字符串中的字符&、<、>、'和"
length()	返回变量值的长度
sort()	对变量保存的数据进行排序，该过滤器内部调用的是 Python 的 sorted()函数
join()	使用指定符号将字符串中的字符进行拼接，默认符号为空字符串
int()	将值转换为整数，如果转换不起作用，返回 0
float()	将值转换为浮点数，如果转换不起作用，返回 0.0
capitalize()	将变量值的首字母改为大写字母，其余字母改为小写字母
trim()	清除变量值前后的空格
upper()	将变量值转换为大写字母

为加深大家对内置过滤器的理解，接下来，通过一个案例分步骤演示表 3-1 中介绍的部分内置过滤器的用法，具体内容如下。

（1）在 app.py 文件中，定义视图函数 use_of_filters()以及触发该函数的 URL 规则/filters，在视图函数 use_of_filters()中向模板传递不同类型的数据，具体代码如下所示。

```
@app.route('/filters')
def use_of_filters():
    num = -2.3
    li = [2, 1, 5, 6, 7, 4, 4]
    string = 'flask'
    return render_template('filters.html', num=num, li=li, string=string)
```

上述代码中，首先在视图函数中定义了 3 个变量 num、li、string，它们分别保存浮点型、列表和字符串类型的数据，然后将这些数据传递到模板 filters.html 中。

（2）在 templates 文件夹中新建 filters.html 文件，在该文件中对定义的模板变量使用过滤器修改或过滤变量值，具体代码如下所示。

```
1   <!DOCTYPE html>
2   <html lang="en">
3   <head>
4       <meta charset="UTF-8"/>
5   </head>
6   <body>
7       {#返回变量 num 的绝对值#}
8       <h4>绝对值：{{ num|abs }}</h4>
9       {#将变量 num 转换为整数#}
10      <h4>转换为整数：{{ num|int }}</h4>
11      {#返回变量 li 中随机的一个元素#}
12      <h4>获取随机元素：{{ li|random }}</h4>
13      {#返回变量 li 的长度#}
```

```
14        <h4>获取变量 li 的长度：{{ li|length }}</h4>
15        {#对变量 li 保存的数据进行排序#}
16        <h4>排序：{{ li|sort }}</h4>
17        {#使变量 string 的第一个字母大写，其余字母小写#}
18        <h4>首字母大写，其余字母小写：{{ string|capitalize }}</h4>
19        {#将变量 string 转换为大写字母#}
20        <h4>字母全部大写：{{ string|upper }}</h4>
21        {#使用-符号将字符进行拼接#}
22        <h4> 字符拼接：{{ string|join("-") }}</h4>
23  </body>
24  </html>
```

（3）重启开发服务器，通过浏览器访问 http://127.0.0.1:5000/filters 后，页面中会显示过滤器的执行结果，如图 3-3 所示。

图 3-3 过滤器的执行结果

2. 自定义过滤器

内置过滤器可以满足 Flask 程序的大部分需求，但某些特殊的需求，如反转列表元素，内置过滤器就无法满足，这时可以自定义过滤器实现这个需求。

自定义过滤器实质上是 Python 函数。例如，自定义一个实现反转列表元素的过滤器，具体代码如下所示。

```
def custom_filters(data):     # 自定义过滤器
    return data[::-1]
```

自定义过滤器需要注册到 Flask 的过滤器列表中，这样才可以在模板文件中使用它。使用装饰器@app.template_filter()可以将自定义过滤器注册到过滤器列表中，template_filter()方法中包含一个可选参数 name，该参数表示过滤器的名称，默认值为被装饰的函数名。

例如，使用装饰器@app.template_filter()将自定义过滤器 custom_filters()注册到过滤器列表中，具体代码如下所示。

```
@app.template_filter()                    # 注册自定义过滤器
def custom_filters(data):                 # 自定义过滤器
    return data[::-1]
```

自定义过滤器的使用方式与内置过滤器的使用方式相同。例如，在模板文件 filters.html 的<body>标签中使用自定义过滤器过滤变量 li，获取变量 li 保存的列表进行反转后的数据，示例代码如下所示。

```
{#将变量 li 保存的列表进行反转#}
<h4>列表反转：{{ li|custom_filters }}</h4>
```

重启开发服务器，通过浏览器访问 http://127.0.0.1:5000/filters 后，页面中会显示自定义过滤器的执行结果，如图 3-4 所示。

图 3-4　自定义过滤器的执行结果

从图 3-4 中可以看出，页面中显示了列表反转后的结果[4, 4, 7, 6, 5, 1, 2]。

3.2.3　选择结构

Jinja2 支持选择结构，选择结构用于判断给定的条件，根据判断的结果执行不同的语句。Jinja2 提供了 if、elif、else、endif，其中 if、elif、else 与 Python 关键字 if、elif、else 的含义相同，endif 用于标识选择结构的末尾。选择结构的语法格式如下所示。

```
{% if 条件语句 1 %}
    语句 1
{% elif 条件语句 2 %}
    语句 2
……
{% else %}
语句 n
{% endif %}
```

在上述语法格式中，if、elif、else、endif 均使用{% %}进行包裹，if 和 endif 可以构建简单的单分支语句，它们与 elif、else 搭配可以构建复杂的多分支语句。需要注意的是，选择结构必须以{% endif %}结尾。

接下来，通过一个评估成绩的案例分步骤演示如何在模板文件中使用选择结构来区分不同成绩的评估结果，具体步骤如下。

（1）在 app.py 文件中定义视图函数以及触发该函数的 URL 规则，然后在视图函数中向模板传递分数数据，具体代码如下。

```
@app.route('/query-score/<int:score>')
def query_score(score):
    return render_template('select_struct.html',score=score)
```

上述代码中，定义了一个视图函数 query_score()，并使用装饰器@app.route()为该函数绑定 URL 规则/query-score/<int:score>，其中 URL 规则中包含需要传递的参数 score，值为分数。在视图函数中调用 render_template()函数渲染模板文件 select_struct.html，并将参数 score 的值传递给模板文件变量 score。

（2）在 templates 文件夹中新建模板文件 select_struct.html，并在该文件中使用选择结构判断变量 score 的值是否符合给定条件，具体代码如下所示。

```html
<!DOCTYPE html>
<html lang="en">
<head>
    <meta charset="UTF-8">
</head>
<body>
{% if score >= 85 %}
    优秀
{% elif 75 <= score < 85 %}
    良好
{% elif 60 <= score < 75 %}
    中等
{% else %}
    差
{% endif %}
</body>
</html>
```

上述加粗代码中，使用选择结构判断变量 score 的值，若值大于或等于 85，则页面显示 if 子句的"优秀"；若值大于或等于 75 且小于 85，则页面显示第 1 个 elif 子句的"良好"；若值大于或等于 60 且小于 75，则页面显示第 2 个 elif 子句的"中等"；其余情况页面会显示 else 子句的"差"。

（3）重启开发服务器，通过浏览器访问 http://127.0.0.1:5000/query-score/84 后，页面中会显示选择结构的执行结果，如图 3-5 所示。

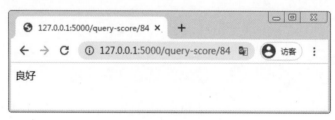

图 3-5　选择结构的执行结果

从图 3-5 中可以看出，成绩 84 的评估结果为良好。

3.2.4　循环结构

Jinja2 除了支持选择结构之外，还支持循环结构，其作用是循环遍历变量中的每个元素，以便在模板文件中使用这些元素。Jinja2 中的循环结构与 Python 中的 for 语句用法相似。循环结构的语法格式如下所示。

```
{% for 临时变量 in 变量 %}
    语句
{% endfor %}
```

在上述格式中，for 语句、endfor 语句均使用{% %}进行包裹，for 标识循环结构的起始位置，endfor 标识循环结构的结束位置，且两者都不能省略。

接下来，通过一个展示商品列表信息的案例分步骤演示如何在模板文件中使用循环结构遍历每个商品名称，具体步骤如下。

（1）在 app.py 文件中定义视图函数 goods()以及触发该函数的 URL 规则/goods，然后在视图函数中向模板文件传递商品列表，具体代码如下所示。

```
@app.route('/goods')
def goods():
    goods_name = ['洗碗机','电饭锅','电烤箱','电磁炉','微波炉']
    return render_template('loop_struct.html', goods_name=goods_name)
```

上述代码中，视图函数中首先定义了一个存储商品名称的列表 goods_name，然后调用 render_template()函数渲染模板文件 loop_struct.html，同时将 goods_name 传递给模板文件。

（2）在 templates 文件夹中新建模板文件 loop_struct.html，并在该文件中使用循环结构遍历模板变量 goods_name 取出商品名称信息，具体代码如下所示。

```
<!DOCTYPE html>
<html lang="en">
<head>
    <meta charset="UTF-8">
</head>
<body>
    {% for good in goods_name %}
        <h4>{{ good }}</h4>
    {% endfor %}
</body>
</html>
```

上述加粗代码中，使用循环结构遍历模板变量 goods_name 的值，并将遍历的每个结果显示到页面上。

（3）重启开发服务器，通过浏览器访问 http://127.0.0.1:5000/goods 后，页面中会显示循环结构的执行结果，如图 3-6 所示。

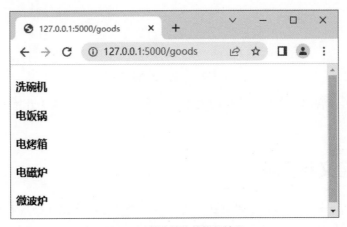

图 3-6 循环结构的执行结果

此外，Jinja2 还为循环结构提供了一些特殊的变量，访问这些特殊的变量可达到控制循环的目的。循环结构中常用的特殊变量如表 3-2 所示。

表 3-2 循环结构中常用的特殊变量

变量	说明
loop.index	当前循环的迭代数（从 1 开始计数）
loop.index0	当前循环的迭代数（从 0 开始计数）
loop.revindex	当前反向循环的迭代数（从 1 开始计数）
loop.revindex0	当前反向循环的迭代数（从 0 开始计数）
loop.first	若当前循环为第一次循环，则返回 True
loop.last	若当前循环为最后一次循环，则返回 True
loop.length	当前序列包含的元素数量
loop.previtem	上一个迭代的数据
loop.nextitem	下一个迭代的数据

接下来，在展示商品列表信息案例的基础上，通过 loop.index 为各个商品名称加上编号。修改模板文件 loop_struct.html 的循环结构，修改后的代码如下所示。

```
{% for good in goods_name %}
    <h4>{{ loop.index }}.{{ good }}</h4>
{% endfor %}
```

重启开发服务器，通过浏览器访问 http://127.0.0.1:5000/goods 后页面中会显示添加了编号的商品名称，具体如图 3-7 所示。

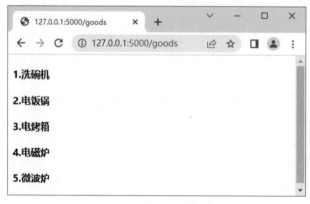

图 3-7 添加了编号的商品名称

从图 3-7 中可以看出，商品名称的前面添加了编号，且编号是从 1 开始递增的。

3.3 宏的定义与调用

如果模板文件中包含多段重复的代码，那么不仅会使模板代码冗余且不利于阅读，还可能会导致代码维护困难。为了解决这些问题，Jinja2 提供了宏这一功能，利用宏将模板文件中复用的代码进行封装，之后在使用这段代码时调用宏即可。接下来，本节将针对宏的定义与调用进行介绍。

3.3.1 宏的定义

模板文件中的宏与 Python 函数类似，它可以传递参数，但没有返回值。在定义宏时，通常会将一部分模板代码写到宏中，然后将代码中动态变化的值替换为模板变量，通过参数传递的方式给变量赋值。

模板文件中的宏以 macro 开始，以 endmacro 结束。定义宏的语法格式如下所示。

```
{% macro 宏的名称(参数列表)%}
    宏内部逻辑代码
{% endmacro %}
```

以上格式中，参数列表中可以有零个、一个或多个参数，多个参数之间使用逗号进行分隔；宏内部可以嵌套使用前文介绍的过滤器、选择结构、循环结构等。

例如，在 macro.html 文件的<body>标签中定义一个描述 input 控件类型的宏，具体代码如下所示。

```
{% macro inputstyle(name, value='', type='checkbox') %}
    <input name="{{ name }}" value="{{ value }}" type="{{ type }}">
{% endmacro %}
```

上述代码定义了一个名称为 inputstyle 的宏，它需要接收 3 个参数即 name、value 和 type。其中参数 name 表示输入框的名称；参数 value 表示输入框的值，默认值为空字符串；参数 type 表示输入框的类型，默认值为 checkbox，代表复选框。宏内部通过<input>标签定义了 input 控件，并将 name、value 和 type 参数的值分别赋给相应的属性。

3.3.2 宏的调用

宏被定义好后不会立即执行，直到被程序调用时才会执行，程序调用后会返回一个包含 HTML 代码的字符串或模板文件。调用宏的语法格式如下所示。

```
宏的名称(参数列表)
```

例如，在 Chapter03 项目的 templates 目录下新建文件 macro.html，之后在该文件的<body>标签中调用 3.3.1 小节中定义好的宏 inputstyle，代码如下所示。

```
<h4>您目前对哪些技术感兴趣？</h4>
<p>{{ inputstyle('Python') }} Python</p>
<p>{{ inputstyle('Java') }} Java</p>
<p>{{ inputstyle('big_data') }} 大数据</p>
<p>{{ inputstyle('JavaScript') }} JavaScript</p>
<p>{{ inputstyle('commit', value="提交", type="button") }}</p>
```

以上代码调用了 5 次宏 inputstyle，第 1～4 次调用宏 inputstyle 时只传递了 name 参数，并没有传递其他参数，相应地会在页面创建 4 个不同名称的复选框；第 5 次调用宏 inputstyle 时除了传递 name 参数外还传递了 value 和 type 参数，此时会在页面创建一个"提交"按钮。

为了能够在页面中看到调用宏后的效果，我们需在 Chapter03 项目的 app.py 文件中添加渲染模板文件 macro.html 的代码，具体如下所示。

```
@app.route('/macro')
def input_style():
    return render_template('macro.html')
```

重启开发服务器，通过浏览器访问 http://127.0.0.1:5000/macro 后页面中会显示调用宏的运行效果，如图 3-8 所示。

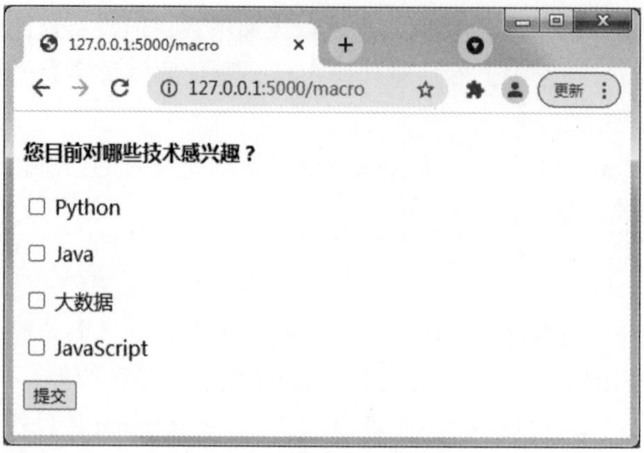

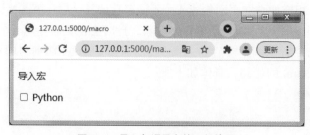

图 3-8　调用宏的运行效果

如果需要在多个模板文件中使用宏，那么可以将定义宏的代码写入单独的模板文件，在调用宏的时候只需要从该模板文件中导入定义的宏。宏的导入方式与 Python 模块的导入方式类似，需要使用 import 或 from... import 语句导入定义的宏。导入宏的语法格式如下所示。

```
{% import '宏文件的路径' [as 宏的别名] %}
{% from '宏文件的路径' import 宏的名字 [as 宏的别名] %}
```

例如，在 Chapter03 项目的 templates 目录下新建文件 macro_called.html，在该文件的<body>标签中导入 macro.html 中定义的宏 inputstyle，并调用宏 inputstyle 在页面中创建一个复选框，具体代码如下所示。

```
<!DOCTYPE html>
<html lang="en">
<head>
    <meta charset="UTF-8">
</head>
<body>
    {% from 'macro.html' import inputstyle %}
    <p>导入宏</p>
    <p>{{ inputstyle('Python') }} Python</p>
</body>
</html>
```

在 app.py 文件中，将 input_style()函数中渲染模板文件的名称修改为 macro_called.html。重启开发服务器，通过浏览器访问 http://127.0.0.1:5000/macro 后页面中会显示导入与调用宏的运行效果，如图 3-9 所示。

图 3-9　导入与调用宏的运行效果

3.4 消息闪现

网站中通常会包含一些与用户交互的页面,例如,登录页面、注册页面等。当用户在登录页面填完正确的用户名和密码进行登录后,网站会反馈用户登录成功的信息,若用户填入的信息不正确则网站会反馈用户登录失败或者用户名、密码格式不正确的信息。

Flask 提供了一种良好的向用户反馈信息的方式——消息闪现,消息闪现会在请求完成后记录一条消息,之后在下一次请求时向用户提示这条消息。例如,用户在登录页面中输入错误的密码后,只有单击"登录"按钮,页面才会提示密码错误的消息。

在 Flask 中,可通过在视图函数中使用 flash()函数实现消息闪现的效果,不过 flash()函数执行后不会立即在浏览器页面中为用户弹出一条消息,需要在模板中通过 get_flashed_messages() 函数获取消息,并将其显示到页面中。接下来,分别对 flash()函数和 get_flashed_messages() 函数进行介绍。

1. flash()函数

flash()函数可通过 flask.flash 导入并使用,用于发送消息,其声明如下所示。

```
flash(message, category='message')
```

flash()函数中各参数的含义如下。

- message:必选参数,发送闪现的消息。
- category:可选参数,消息的类别。该参数支持 4 种取值,分别是 message、error、info 和 warning。其中 message 是默认值,表示任何类型的消息;error 表示错误的消息;info 表示信息消息;warning 表示警告消息。

2. get_flashed_messages()函数

get_flashed_messages()函数是一个全局函数,可在模板的任意位置调用,其声明如下所示。

```
get_flashed_messages(with_categories=False , category_filter=())
```

get_flashed_messages()函数中各参数的含义如下。

- with_categories:可选参数,表示是否同时返回消息与消息类别。若设置为 True,则会以元组形式返回消息和消息类别;若设置为 False,则只会返回消息。
- category_filter:可选参数,表示只返回指定类别的消息。

值得一提的是,flash()函数会将发送的消息存储到 session 中,因此我们需要在程序中设置 secret_key。

接下来,通过一个用户登录案例为大家分步骤演示如何在 Flask 程序中实现消息闪现的功能。即如果用户登录成功则跳转到主页面,并在登录页面上提示"恭喜您,登录成功"的消息;如果用户登录失败,则在登录页面提示"用户名或密码错误"的消息。具体步骤如下。

(1)在 app.py 文件中定义视图函数 home_page(),该函数用于判断用户的登录状态,具体代码如下所示。

```
1   from flask import Flask, render_template
2   from flask import flash, redirect, session, request, url_for
3   app.secret_key = 'Your_secret_key&^52@!' # 设置 secret_key
4   @app.route('/home')
5   def home_page():
6       username = session.get('username')
```

```
7        # 判断 session 是否存储 username 的数据
8        if 'username' in session:
9            return render_template('home_page.html', username=username)
10       return redirect(url_for('login'))        # 重定向到登录页面
```

上述代码中，第 1～2 行导入程序中需要使用的类和函数等；第 3 行设置 secret_key 的值；第 5～10 行定义视图函数 home_page()，在该函数中首先获取 session 中是否存在名为 username 的数据，如果存在则响应主页面，如果不存在则重定向到登录页面。

（2）在 app.py 文件中定义视图函数 login()，用于获取用户在登录页面中输入的用户名和密码，如果用户输入了错误的用户名或密码，则通过消息闪现反馈给用户，反之将用户名和密码保存到 session 中，并将页面重定向到主页面，具体代码如下所示。

```
1    @app.route('/login', methods=['GET', 'POST'])
2    def login():
3        if request.method == 'POST':
4            # 判断用户输入的用户名是否为 admin、密码是否为 123
5            if request.form['username'] != 'admin' or \
6                    request.form['password'] != '123':
7                # 发送登录失败的消息
8                flash('用户名或密码错误', category='error')
9            else:
10               session['username'] = request.form['username']
11               session['password'] = request.form['password']
12               # 发送登录成功的消息
13               flash('恭喜您，登录成功', category='info')
14               # 登录成功，页面重定向到主页面
15               return redirect(url_for('home_page'))
16       return render_template('login.html')
```

在上述代码中，第 3 行代码判断请求方式是否为 POST，若为 POST 则进一步判断用户输入的用户名和密码是否正确，若不为 POST 则直接调用 render_template()函数渲染模板文件 login.html。

第 5～15 行代码判断用户名和密码是否分别为 admin 和 123，如果不是，那么调用 flash() 函数发送消息"用户名或密码错误"，消息类别为 error；如果是，那么将用户名和密码保存到 session 中，调用 flash()函数发送消息"恭喜您，登录成功"，消息类别为 info，并将页面重定向到主页面。

（3）在 templates 文件夹中新建模板文件 home_page.html，该模板文件用于展示主页面以及用户登录成功的消息，具体代码如下所示。

```
1    <!DOCTYPE html>
2    <html lang="en">
3    <head>
4        <meta charset="UTF-8">
5        <title>home</title>
6    </head>
7    <body>
8        <h2>主页</h2>
9        {#调用 get_flashed_messages()函数，获取消息类别为 info 的消息#}
10       {% for message in get_flashed_messages(category_filter = ('info')) %}
```

```
11            <span>{{ message }}</span>
12        {% endfor %}
13        <p>欢迎用户：{{ username }}</p>
14    </body>
15    </html>
```

在上述代码中，第 10～12 行代码调用 get_flashed_messages()函数获取了类别为 info 的消息，并使用 for...in 语句遍历每条消息；第 13 行代码获取视图函数 home_page()向模板传递的用户名 username。

（4）在 templates 文件夹中新建模板文件 login.html，该模板文件用于展示登录页面以及登录提示消息，具体代码如下所示。

```
<!DOCTYPE html>
<html lang="en">
<head>
    <meta charset="UTF-8">
    <title>login</title>
</head>
<body>
<h2>用户登录</h2>
    {% for message in get_flashed_messages(category_filter = ('error')) %}
        <p class="error" style="color: red;">{{ message }}</p>
    {% endfor %}
    <form action="" method="post" class="form">
        <span>用户名:</span><br>
        <input type="text" name="username"><br>
        <span>密码:</span><br>
        <input type="password" name="password"><br>
        <p><input type="submit" value="登录"></p>
    </form>
</body>
</html>
```

（5）重启开发服务器，通过浏览器访问 http://127.0.0.1:5000/login 后会展示登录页面。在登录页面的"用户名"输入框和"密码"输入框中都输入"111"，单击"登录"按钮后页面会显示"用户名或密码错误"的消息，如图 3-10 所示。

图 3-10　显示"用户名或密码错误"的消息

（6）在图 3-10 所示的"用户名"输入框和"密码"输入框中分别输入"admin"和"123"，单击"登录"按钮后会跳转到主页面，并显示"恭喜您，登录成功"的消息，如图 3-11 所示。

图 3-11　显示"恭喜您，登录成功"的消息

从图 3-10 和图 3-11 中可以看出，Flask 程序成功地在页面上向用户反馈了登录失败和登录成功的信息。

3.5　静态文件的加载

一个 Web 程序中除了模板文件之外，还需要使用许多静态文件，例如 CSS 文件、JavaScript 文件、图片文件以及音频文件等。在 Flask 程序中，默认情况下静态文件都存储在与项目文件同级的 static 文件夹中，该文件夹需要由开发人员创建。

为了在模板文件中引用静态文件，需要使用 url_for()函数解析静态文件的 URL，静态文件的 URL 规则默认为/static/<path:filename>。url_for()函数需要接收两个参数，第 1 个参数表示端点名称，默认值为 static；第 2 个参数 filename 表示静态文件的名称。url_for()函数的示例代码如下所示。

```
url_for('static', filename='test.png')
```

以上代码解析图片文件 test.png 的 URL 规则为/static/test.png。

下面以图片文件和 CSS 文件为例，为大家介绍如何在模板文件中通过 url_for()函数引用图片文件和 CSS 文件，具体内容如下。

1. 在模板文件中引用图片文件

若要在模板文件中引用图片文件，可以在定义<img>标签时通过 src 属性规定显示图片的 URL，该 URL 是调用 url_for()函数解析出的静态文件的 URL。引用图片文件的示例代码如下所示。

```
<img src="{{ url_for('static', filename='test.png') }}">
```

接下来，通过一个案例分步骤演示如何在模板文件中引用图片文件，并将图片呈现到网页中，具体步骤如下。

（1）在 Chapter03 项目的根目录下新建一个 static 文件夹，在 static 文件夹中导入图片文件 flask.png；在 templates 目录下新建一个模板文件 base.html，之后在模板文件 base.html 中引用图片文件 flask.png。具体代码如下所示。

```
<!DOCTYPE html>
<html lang="en">
<head>
    <meta charset="UTF-8">
</head>
<body>
    <p>Flask 的 Logo 图片</p>
    {#引用 flask.png#}
    <img src="{{ url_for('static',filename='flask.png') }}">
</body>
</html>
```

（2）在 app.py 文件中定义视图函数 load_staticfile()以及触发该函数的 URL 规则/static-file，在该函数中渲染模板文件 base.html，具体代码如下所示。

```
@app.route('/static-file')
def load_staticfile():
    return render_template('base.html')
```

（3）重启开发服务器，通过浏览器访问 http://127.0.0.1:5000/static-file 后，可以看到页面上显示的图片。加载图片文件的效果如图 3-12 所示。

图 3-12　加载图片文件的效果

2. 在模板文件中引用 CSS 文件

CSS 文件主要用于控制网页的版式、颜色、字体大小和格式等。在模板文件中若要引用 CSS 文件，可以在定义<link>标签时通过 rel 属性规定当前模板文件与 CSS 文件之间的关系，rel 属性的值为 stylesheet，表示样式表；还可以通过 href 属性规定被链接文档的 URL，该 URL 是调用 url_for()函数解析静态文件的 URL。

引用 CSS 文件的示例代码如下所示。

```
    <link rel="stylesheet" href="{{ url_for('static',filename='test.css') }}">
```

接下来，通过一个案例分步骤演示如何在模板文件中引用 CSS 文件，以对网页中文本的样式进行修改，具体步骤如下。

（1）新建一个 CSS 文件 Italics.css，该文件中的代码如下所示。

```
p {font-style:italic}
```

以上代码会将模板文件中<p>标签中的文字以斜体样式展示。

（2）在 Chapter03 项目的 static 目录中导入 CSS 文件 Italics.css，之后在模板文件 base.html 中引用 CSS 文件 Italics.css，具体代码如下所示。

```
<!DOCTYPE html>
<html lang="en">
<head>
    <meta charset="UTF-8">
{#引用 Italics.css #}
    <link rel="stylesheet" href="{{ url_for('static',filename='Italics.css') }}">
</head>
......
</html>
```

（3）重启开发服务器，通过浏览器访问 http://127.0.0.1:5000/static-file 后，可以在页面中看到加载 Italics.css 文件的效果，如图 3-13 所示。

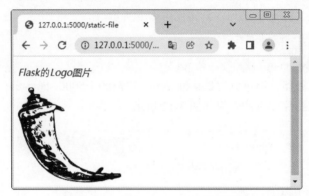

图 3-13　加载 Italics.css 文件的效果

从图 3-13 可以看出，图片上方的文字"Flask 的 Logo 图片"以斜体样式展示。

3.6　模板继承

一个 Web 网站的多个网页中往往包含一些通用内容和样式，例如导航栏、标题、页脚等。为了避免在多个模板中重复编写通用内容和样式的代码，提高代码的复用率，减少开发人员的工作量，Jinja2 提供了模板继承机制。

模板继承机制允许开发人员先在一个模板中定义多个页面的通用内容和样式，再以该模板为基础来拓展模板。包含通用内容和样式的模板称为基模板，继承基模板的模板称为子模板。

在 Jinja2 中，模板继承通过 block 和 extends 来实现，其中 block 用于标识与继承机制相关的代码块，extends 用于指定子模板所继承的基模板。子模板通过继承可以获取基模板中的内容和结构，继承语法格式如下所示。

```
{% extends 基模板名称 %}
```

需要注意的是，{% extends %}必须位于子模板内容的第一行，当模板引擎解析到{% extends %}时，模板引擎会将基模板中的内容完整复制到子模板中。

为了让子模板便于覆盖或插入内容到基模板，我们需要在基模板中使用 block 和 endblock 定义块，同时需在子模板中定义同名的块。

在基模板中，通过 block 和 endblock 定义块的语法格式如下所示。

```
{% block 块名称 %}
基模板代码
{% endblock 块名称%}
```

在子模板中，通过 block 和 endblock 定义块的语法格式如下所示。

```
{% extends 基模板名称 %}
{% block 块名称 %}
子模板代码
{% endblock 块名称%}
```

在上述语法格式中，{% endblock 块名称%}中的块名称是为了避免块的混乱而使用的，也可省略。需要注意的是，在同一个模板文件中，不能定义同名的块。若子模板与基模板的块名称相同，则会使用子模板的内容覆盖基模板的内容。

接下来，通过一个案例分步骤演示如何在 Flask 程序中实现模板继承的功能，具体步骤如下。

（1）将 3.5 节中创建的 base.html 作为基模板，并在其中添加创建导航栏和页脚的代码，修改后的代码如下所示。

```
1    <!DOCTYPE html>
2    <html lang="en">
3    <head>
4        <meta charset="UTF-8">
5        <title>基模板</title>
6    </head>
7    <body>
8    <p>Flask 的 Logo 图片</p>
9    {#引用 flask.png#}
10   <img src="{{ url_for('static', filename='flask.png') }}">
11   <div class="navigation">
12       <p>我是导航栏</p>
13   </div>
14   <div class="content">
15       {% block content %}
16           <p>基模板中的内容</p>
17       {% endblock %}
18   </div>
19   <div class="footer">
20       <p>我是页脚</p>
21   </div>
22   </body>
23   </html>
```

在上述代码中，第 15～17 行代码使用 block 和 endblock 定义了一个块，块里面封装了一行代码，即通过<p>标签定义一段文本"基模板中的内容"。

（2）定义一个继承自基模板 base.html 的子模板 child.html，子模板中的代码如下所示。

```
1    <!DOCTYPE html>
2    <html lang="en">
3    <head>
```

```
4        <meta charset="UTF-8">
5        <title>子模板</title>
6    </head>
7    <body>
8        {% extends 'base.html' %}
9        {% block content %}
10           <p>我是子模板</p>
11       {% endblock %}
12    </body>
13    </html>
```

在上述代码中，第 9~11 行代码定义了一个与基模板同名的块 content，块中封装了一行代码，即使用<p>标签定义一段文本"我是子模板"，这段文本会覆盖基模板的文本"基模板中的内容"。

（3）在 app.py 文件中定义视图函数 extends_template()，之后在该函数中依次渲染基模板 base.html 和子模板 child.html，具体代码如下所示。

```
@app.route('/base')
def extends_template_base():
    return render_template('base.html')
@app.route('/child')
def extends_template_child():
    return render_template('child.html')
```

基模板和子模板在浏览器中呈现的效果如图 3-14 所示。

图 3-14　基模板和子模板在浏览器中呈现的效果

默认情况下，如果子模板实现了基模板中定义的 block，那么子模板 block 中的代码就会覆盖基模板中的相应代码。如果想在子模板中仍然呈现基模板中的内容，那么可以使用 super() 函数来实现。例如，在 child.html 文件中调用 super()函数的代码如下所示。

```
{% extends 'base.html' %}
{% block content %}
    <p>我是子模板</p>
    {{ super() }}
{% endblock %}
```

重启开发服务器，通过浏览器访问 http://127.0.0.1:5000/child 后可以在页面中看到子模板 child.html 呈现的效果，如图 3-15 所示。

图 3-15　子模板 child.html 呈现的效果

从图 3-15 中可以看出，页面中不仅显示了基模板的内容，还显示了子模板的内容。

3.7　本章小结

本章首先介绍了模板与模板引擎 Jinja2；然后介绍了模板基础语法，包括模板变量、过滤器、选择结构和循环结构等内容；接着介绍了宏的定义与调用；最后介绍了消息闪现、静态文件的加载和模板继承。希望通过学习本章的内容，读者能够掌握模板的使用技巧，为后续开发项目奠定扎实的基础。

3.8　习题

一、填空题

1. Flask 程序中的模板文件默认储存在_____文件夹中。

2. 自定义过滤器需要通过装饰器_____，将其注册到过滤器列表中，以便在模板中使用。

3. 使用_____函数可以加载指定的模板文件。

4. 在模板文件中，循环结构使用_____标识结束位置。

5. 模板中的宏以_____标签标识开始位置。

二、判断题

1. Flask 程序的模板是文本文件。（　　　）

2. 在 Jinja2 中能够使用列表、字段和对象。（　　　）

3. 模板变量是一种特殊的占位符。（　　　）

4. 一个模板变量只能使用一个过滤器。（　　　）

5. 自定义过滤器实质上是 Python 函数。（　　　）

三、选择题

1. 下列选项中，用于返回给定列表中一个随机元素的过滤器是（ ）。

    A. abs()   B. random()   C. safe()   D. tojson()

2. 下列选项中，关于模板中宏的说法错误的是（ ）。

    A. 宏可以传递多个参数

    B. 宏可以有返回值

    C. 宏以 endmacro 标识结束位置

    D. 宏可以使用 import 或 from…import 语句导入

3. 下列选项中，关于 flash()函数说法错误的是（ ）。

    A. 当消息类别为 message 时，表示任何类型的消息

    B. 当消息类别为 error 时，表示错误的消息

    C. 当消息类别为 info 时，表示警告消息

    D. 模板文件中使用 get_flashed_messages()函数获取闪现消息

4. 下列选项中，关于模板变量的描述说法错误的是（ ）。

    A. 模板变量的命名规则与 Python 变量的命名规则相同

    B. 模板变量需要使用{{}}包裹

    C. 模板变量是一种特殊的占位符

    D. 模板变量名必须与视图函数中传递的关键字参数名称相同

5. 下列选项中，关于模板继承的描述说法错误的是（ ）。

    A. 模板继承通过 block 和 extends 来实现

    B. block 用于标识与继承机制相关的代码块

    C. extends 用于指定子模板所继承的基模板

    D. extends 可以出现在子模板中的任意位置

四、简答题

1. 简述如何自定义过滤器。

2. 简述宏的定义与调用方法。

第4章

表单与类视图

◆ 熟悉 Flask 处理表单的方式，能够归纳在 Flask 程序中如何处理表单

◆ 掌握 Flask-WTF 扩展包的安装方式，能够通过 pip 命令安装 Flask-WTF 扩展包

◆ 掌握使用 Flask-WTF 创建表单的方式，能够独立使用 Flask-WTF 创建表单

◆ 掌握在模板中渲染表单的方式，能够在模板文件中渲染使用 Flask-WTF 创建的表单

◆ 掌握 Flask-WTF 验证表单的方式，能够通过 validate_on_submit()方法验证表单，并能在模板文件中输出错误提示信息

◆ 掌握类视图的定义方式，能够定义标准类视图和基于方法的类视图

◆ 掌握蓝图的使用方式，能够利用蓝图将 Flask 程序分解成不同的模块

在 Web 程序中，表单是与用户进行交互的方式之一，常见于用户注册、用户登录、编辑设置等页面。不过处理表单是比较麻烦的，涉及创建表单、验证表单数据、获取和保存表单数据、反馈错误提示信息等诸多操作。为了降低开发人员处理表单的难度，Flask 提供了专门负责处理表单的扩展包——Flask-WTF。另外，Flask 还提供了类视图和蓝图。接下来，本章主要针对表单、类视图、蓝图的相关内容进行讲解。

拓展阅读

4.1 通过 Flask 处理表单

表单是在网页中搜集用户信息的各种表单控件的集合区域。表单控件包括文本框、单选按钮、复选框、提交按钮等，用于实现客户端和服务器端的数据交互。通过表单搜集的用户输入的敏感信息，如用户名、密码等，一般会通过 POST 请求的方式提交给服务器进行处理，安全性相对较高。

在 Flask 程序中，我们可以利用 Flask 内置的部分功能对表单进行简单的处理，具体的处理过程：首先在模板文件中通过 HTML 代码创建表单，然后通过请求上下文中的 request.form 对象获取以及验证表单数据，最后通过消息闪现给用户反馈正确提示或错误提示。

为加深大家对 Flask 处理表单过程的理解，接下来，通过用户注册的案例，分步骤为大家演示如何使用 Flask 内置的功能处理表单，具体步骤如下。

（1）创建一个 Flask 项目 Chapter04，在 Chapter04 项目中新建 templates 文件夹，在该文件夹下创建模板文件 register.html，在该模板文件中使用<form>标签创建表单，具体代码如下所示。

```html
1   <!DOCTYPE html>
2   <html lang="en">
3   <head>
4       <meta charset="UTF-8">
5   </head>
6   <body>
7       <h1>注册页面</h1>
8       {#给用户展示不同的闪现消息#}
9       {% macro print_error(type) %}
10          {% for message in get_flashed_messages(category_filter = (type)) %}
11              <p class="error" style="color: red;
12                  display:inline;">{{ message }}</p>
13          {% endfor %}
14      {% endmacro %}
15      <form action="" method=post>
16          <span>用户名:</span><br>
17          <input type=text name=username>{{ print_error('message') }}
18          {{ print_error('info') }}<br>
19          <span>密码:</span><br>
20          <input type=password name=password><br>
21          <span>确认密码:</span><br>
22          <input type=password name=password2>{{ print_error('error') }}<br>
23          <p><input type=submit value=注册></p>
24      </form>
25  </body>
26  </html>
```

在上述代码中，第 9～14 行代码定义了宏 print_error，用于获取通过 flash()函数发送的消息，宏需要接收 type 参数，表示获取的消息类型。

第 15～24 行代码通过<form>标签定义了一个表单，将该标签的 method 属性值设为 post，用于规定用户在提交表单的时候用到的 HTTP 请求方式为 POST。其中第 17、20、22、23 行代码定义了 3 个输入框和 1 个提交按钮，另外第 17、22 行代码调用了宏 print_error，当"用户名"输入框和"确认密码"输入框的内容不符合要求时会向用户反馈错误消息。

（2）在 app.py 文件中定义视图函数 register()，该视图函数用于展示注册页面以及验证用户输入的注册数据是否符合要求，具体代码如下所示。

```python
1   from flask import Flask, render_template, request, flash
2   app = Flask(__name__)
3   app.secret_key = 'Your_seccret_key&^52@!'
4   @app.route('/register', methods=['GET', 'POST'])
5   def register():
6       # 判断请求方式
7       if request.method == 'POST':
8           # 获取表单数据
9           username = request.form.get('username')
10          password = request.form.get('password')
```

```
11          password2 = request.form.get('password2')
12        # 验证数据的完整性
13        if not all([username, password, password2]):
14            flash('请填入完整信息', category='message')
15        # 验证输入的数据是否符合要求
16        elif len(username) < 3 and len(username) > 0
17                \ or len(username) > 15:
18            flash('用户名长度应大于 3 且小于 15', category='info')
19        # 验证两次输入的密码是否一致
20        elif password != password2:
21            flash('密码不一致', category='error')
22        else:
23            return '注册成功'
24    return render_template('register.html')
25 if __name__ == '__main__':
26    app.run()
```

　　在上述代码中，第 7～24 行代码分别处理了 POST 请求和 GET 请求的情况。其中第 24 行代码处理了 GET 请求的情况，调用 render_template()函数渲染模板文件 register.html，用于在浏览器中展示注册页面；第 7～23 行代码处理了 POST 请求的情况。

　　第 9～11 行代码通过 request.form.get()方法获取了表单数据，第 13～23 行代码对表单数据进行了验证，验证思路为：若用户填写的信息不完整，则通过消息闪现在注册页面给用户提示"请填入完整信息"；若用户名的长度大于 0 且小于 3 或大于 15，则通过消息闪现在注册页面给用户提示"用户名长度应大于 3 且小于 15"；若用户两次输入的密码不同，则通过消息闪现在注册页面给用户提示"密码不一致"；其他情况返回"注册成功"。

　　（3）运行代码，通过浏览器访问 http://127.0.0.1:5000/register 后会展示注册页面，如图 4-1 所示。

图 4-1　注册页面

　　在图 4-1 所示页面中，单击"注册"按钮后，注册页面上"用户名"输入框的后面会提示"请填入完整信息"，如图 4-2 所示。

　　在图 4-2 所示的输入框中，依次将用户名信息填写为"11"，密码信息填写为"123"，确认密码信息填写为"123"，单击"注册"按钮后，注册页面上"用户名"输入框的后面会展示提示信息"用户名长度应大于 3 且小于 15"，如图 4-3 所示。

图 4-2　展示提示信息"请填入完整信息"

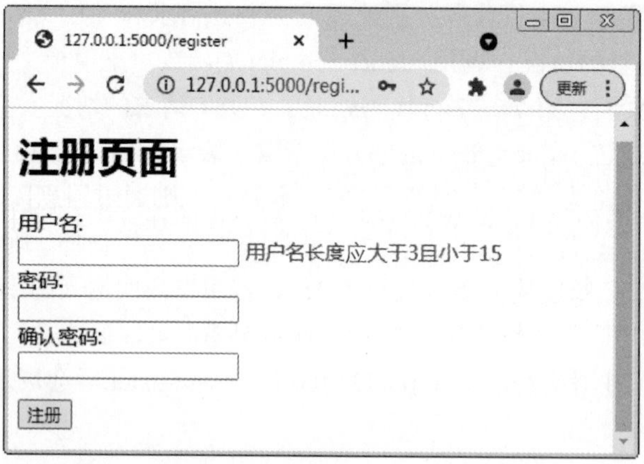

图 4-3　提示"用户名长度应大于 3 且小于 15"

　　在图 4-3 所示的输入框中，依次将用户名信息填写为"666666"，密码信息填写为"123"，确认密码信息填写为"123456"，单击"注册"按钮后，注册页面上"确认密码"输入框的后面会展示提示信息"密码不一致"，如图 4-4 所示。

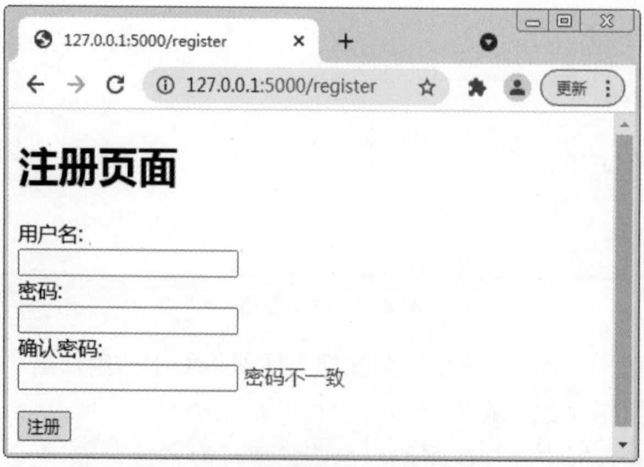

图 4-4　提示"密码不一致"

值得一提的是，虽然在 Flask 程序中可以处理使用 HTML 代码创建的表单，但在处理表单时缺少必要的保护，容易被恶意用户获取到用户信息去执行非法操作。

4.2　通过 Flask-WTF 处理表单

除了在模板文件中直接编写 HTML 代码来创建表单之外，我们还可以借助扩展包 Flask-WTF 创建表单，Flask-WTF 默认会为每个表单启用 CSRF（Cross-Site Request Forgery，跨站请求伪造）保护，这在一定程度上保护了网站用户的信息安全。接下来，本节将对 Flask-WTF 扩展包的相关内容进行介绍，包括安装 Flask-WTF 扩展包、使用 Flask-WTF 创建表单、在模板中渲染表单、使用 Flask-WTF 验证表单。

4.2.1　安装 Flask-WTF 扩展包

Flask-WTF 是 Flask 中专门用于处理表单的扩展包，该扩展包内部对 Flask 和 WTForms 进行了简单的集成，可以让开发者便捷地使用 WTForms 来处理表单。

WTForms 其实是一个灵活的表单验证和渲染库，可以与 Flask、Django 等多个 Web 框架结合使用，支持表单数据验证、CSRF 保护等功能。

要想在 Flask 程序中使用 Flask-WTF 扩展包，需要提前在虚拟环境中安装它。我们可以通过 pip 命令安装 Flask-WTF 扩展包，具体命令如下所示。

```
(flask_env) E:\env_space>pip install flask-wtf
```

执行命令后会输出以下信息，说明 Flask-WTF 安装成功。

```
Successfully installed WTForms-2.3.3 flask-wtf-0.15.1
```

值得一提的是，安装 Flask-WTF 扩展包时，会将 WTForms 一同安装，无须单独安装 WTForms。

4.2.2　使用 Flask-WTF 创建表单

使用 Flask-WTF 创建的表单其实是继承 FlaskForm 的类，表单类中可以根据需要包含若干个属性，每个属性的值又是表单字段类的对象，不同字段类的对象会映射为表单中的不同控件。

WTForms 库的 Field 类派生了许多表单字段类，常用字段类与表单控件的映射关系如表 4-1 所示。

表 4-1　常用字段类与表单控件的映射关系

字段类	表单控件	说明
BooleanField	\<input type="checkbox"\>	复选框，值为 True 或 False，默认值为 None
DateField	\<input type="text"\>	文本字段，值为 datetime.date 对象
DateTimeField	\<input type="text"\>	文本字段，值为 datetime.datetime 对象
DecimalField	\<input type="text"\>	文本字段，值为 decimal.Decimal
FileField	\<input type="file"\>	文件上传字段

续表

字段类	表单控件	说明
FloatField	\<input type="text"\>	浮点数字段，值为浮点型数据
IntegerField	\<input type="text"\>	整数字段，值为整型数据
RadioField	\<input type="radio"\>	一组单选按钮
SelectField	\<select\>\<option\>\</option\>\</select\>	下拉列表
SubmitField	\<input type="submit"\>	提交按钮
StringField	\<input type="text"\>	文本字段
PasswordField	\<input type="password"\>	密码文本字段
TextAreaField	\< textarea\>\</textarea\>	多行文本字段
HiddenField	\<input type="hidden"\>	隐藏文本字段

由于表 4-1 中的字段类都继承自 WTForms 库的 Field 类，所以我们可以通过 Field 类的构造方法实例化这些字段类，虽然有的字段类内部已经重写了 Field 类的构造方法，但这些字段类的构造方法中会包含一些相同的参数。字段类构造方法的常用参数如表 4-2 所示。

表 4-2 字段类构造方法的常用参数

参数	说明
label	字段标签\<label\>的值，即显示在输入控件旁的说明性文字
render_kw	字典类型，用于设置控件的属性
validators	列表类型，包含一系列的验证器，验证器会在表单提交数据后被逐一调用以验证数据
default	字符串或可调用对象，可为表单字段设置默认值

值得一提的是，参数 render_kw 的值是字典，用于为表单控件设置一些属性，包括提示信息（placeholder）、高度（height）、宽度（width）、是否获得焦点（autofocus）等。

参数 validators 的值是列表，该列表中包含了一系列用于验证表单数据是否有效的验证器，只有当表单数据满足验证器的规则时，填写的表单数据才能成功提交到服务器。

在 WTForms 库中，验证器是一些用于验证字段数据的 Python 类，这些类都封装在 wtforms.validators 模块中，因此我们在使用验证器之前需要先从 wtforms.validators 模块中导入相应的类。常用的验证器如表 4-3 所示。

表 4-3 常用的验证器

验证器	说明
DataRequired(message=None)	验证数据是否有效，空字符串为无效数据
Email(message=None)	验证数据是否为电子邮件地址
EqualTo(fieldname,message=None)	验证两个字段值是否相同
IPAddress(ipv4=True, ipv6=False, message=None)	验证数据是否为有效 IP 地址
Length(min=-1,max=-1,message=None)	验证输入值的长度是否在给定的范围内
NumberRange(min=None,max=None,message=None)	验证输入的数字是否在给定的范围内

续表

验证器	说明
Optional(strip_whitespace=True)	无输入值时跳过其他验证
Regexp(regex,flags=0,message=None)	使用正则表达式验证输入值
URL(require_tld=True,message=None)	验证 URL
AnyOf(values, message=None,values_formatter=None)	确保输入值在可选值列表中
NoneOf(values, message=None,values_formatter=None)	确保输入值不在可选值列表中

在表 4-3 中，每个验证器对应一个类，这些类的构造方法中大多包含参数 message，该参数表示自定义错误消息，如果未设置则使用默认的英文错误消息。

接下来，将介绍在 Chapter04 项目的 app.py 文件中使用 Flask-WTF 扩展包创建一个与 4.1 节中的显示效果相同，且能够限制用户输入的内容不为空、用户名长度大于 3 且小于 15 个字符、两次输入的密码一致的注册表单，具体代码如下所示。

```
1    from flask import Flask
2    from flask_wtf import FlaskForm
3    from wtforms import StringField, PasswordField, SubmitField
4    from wtforms.validators import DataRequired, Length, EqualTo
5    app = Flask(__name__)
6    class RegisterForm(FlaskForm):
7        username = StringField(label='用户名: ',
8                            validators=[DataRequired(message='用户名不能为空'),
9                            Length(3, 15, message='长度应该为3~15个字符')])
10       password = PasswordField('密码: ',
11                           validators=[DataRequired(message='密码不能为空')])
12       password2 = PasswordField('确认密码: ',
13                           validators=[DataRequired(message='密码不能为空'),
14                           EqualTo('password', message='两次密码不一致')])
15       submit = SubmitField('注册')
```

在上述代码中，第 6～15 行定义了表单类 RegisterForm，该类中包含 4 个类属性，分别是 username、password、password2 和 submit，它们的值依次是 StringField、PasswordField、PasswordField 和 SubmitField 类的对象，对应表单中的 3 个输入框和 1 个提交按钮控件。

第 7～9 行创建 StringField 类的对象时，通过 validators 参数指定验证器为 DataRequired 类和 Length 类的对象，用于限制"用户名"输入框的内容不能为空，以及内容长度为 3～15 个字符。

第 10～11 行创建 PasswordField 类的对象时，通过 validators 参数指定验证器为 DataRequired 类的对象，用于限制"密码"输入框的内容不能为空。

第 12～14 行创建 PasswordField 类的对象时，通过 validators 参数指定验证器为 DataRequired 类和 EqualTo 类的对象，用于限制"确认密码"输入框的内容不能为空，以及 password2 字段与 password 字段的值相等。

创建字段类的对象时需要注意，字段名称是区分大小写的，且不能以"_"或"validate"开头。

4.2.3 在模板中渲染表单

在 4.2.2 小节中，我们使用 Flask-WTF 创建了注册表单，但在模板文件中还无法渲染创建的表单。如果希望在模板文件中渲染通过 Flask-WTF 创建的表单，首先需要在视图函数中将表单类的对象传递到模板文件中，然后在模板文件中获取表单字段，将表单字段渲染到 HTML 页面进行呈现。

接下来，通过一个案例分步骤演示如何通过 Flask-WTF 在模板文件中渲染表单，具体步骤如下。

（1）在 Chapter04 项目的 app.py 文件中定义用于传递表单类对象的视图函数，具体代码如下所示。

```
from flask import render_template
app.secret_key = '34sdfji9453#$@'
@app.route('/register', methods=['GET', 'POST'])
def register():
    form = RegisterForm()
    return render_template('register_wtf.html', form=form)
```

以上代码定义了视图函数 register()，在视图函数中首先创建了表示表单的 RegisterForm 类的对象 form，然后在调用 render_template() 函数时通过关键字参数 form 将表单对象 form 传递到模板文件 register_wtf.html 中。

需要注意的是，默认情况下 Flask-WTF 会为每个表单启用 CSRF 保护，因此我们需要在程序中设置密钥，这样可以让 Flask-WTF 通过该密钥生成 CSRF 令牌，以便用 CSRF 令牌验证请求中表单数据的真伪。

（2）在 templates 文件夹中创建模板文件 register_wtf.html，并在该模板文件中获取表单字段，具体代码如下所示。

```
1   <!DOCTYPE html>
2   <html lang="en">
3   <head>
4       <meta charset="UTF-8">
5   </head>
6   <body>
7       <h1>注册页面</h1>
8       <form method="post">
9           {{ form.csrf_token }}
10          {#获取 username 对应的标签名称#}
11           <span>{{ form.username.label }}</span><br>
12          {#调用表单字段#}
13          {{ form.username }}<br>
14          <span>{{ form.password.label }}</span><br>
15          {{ form.password }}<br>
16          <span>{{ form.password2.label }}</span><br>
17          {{ form.password2 }}<br>
18          <p>{{ form.submit }}</p>
19      </form>
20  </body>
21  </html>
```

上述代码中，第 9 行代码通过 form.csrf_token 获取了自动生成的 CSRF 令牌值，提交表单后会自动验证。

（3）运行代码，通过浏览器访问 http://127.0.0.1:5000/register 后页面中会展示通过 Flask-WTF 创建的注册表单，如图 4-5 所示。

在图 4-5 所示页面中单击"注册"按钮，可以在"用户名"输入框下方看到提示信息"请填写此字段"。其实，提示信息"请填写此字段"并不是创建 RegisterForm 类的对象时指定的验证表单的错误消息，而是 HTML5 内置的验证属性对表单数据进行验证的结果。

图 4-5 通过 Flask-WTF 创建的注册表单

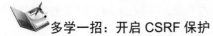 多学一招：开启 CSRF 保护

CSRF 是一种"挟持"用户在当前已登录的 Web 应用程序上执行非本意操作的攻击方法，它利用的是网站对用户浏览器的信任。

若网站中未开启 CSRF 保护，那么攻击者可通过一些非法技术手段盗用用户的身份信息，然后以用户的名义发送请求来进行一些恶意操作。例如，盗取用户账号进行转账、购买商品、发送信息等，造成个人隐私泄露和财产损失。

Flask-WTF 提供了一套完善的 CSRF 保护体系，对于开发人员来说，使用起来非常简单。Flask-WTF 中的 CSRF 保护体系由 flask_wtf 模块中的 CSRFProtect 类提供，该模块不仅能为包含表单的视图提供 CSRF 保护，还可以为不包含表单的视图提供 CSRF 保护，通过 AJAX（Asynchronous JavaScript And XML，异步 JavaScript 和 XML 技术）发送不包含表单的 POST 请求。

在 Flask 程序中开启 CSRF 保护需要分别在后端和前端模板文件中进行设置。在 Flask 程序后端开启 CSRF 保护的具体代码如下所示。

```
from flask_wtf.csrf import CsrfProtect
app = Flask(__name__)
CsrfProtect(app)
```

需要注意的是，开启 CSRF 保护时需要密钥对令牌进行安全签名。默认情况下，使用 Flask 程序的密钥 secret_key，也可以通过设置 WTF_CSRF_SECRET_KEY 来使用其他的密钥。

在前端模板文件的<form>标签中需要调用表单对象的 csrf_token()方法，具体代码如下所示。

```
<form method="post" action="/">
    {{ form.csrf_token }}
</form>
```

当 CSRF 验证失败时，默认会返回 400 的错误响应。

4.2.4 使用 Flask-WTF 验证表单

验证表单数据是指网站对用户提交的表单数据的正确性进行验证。表单数据的验证通常分为两种形式，分别是客户端验证和服务器端验证，关于它们的介绍如下。

- 客户端验证是指客户端（比如浏览器）对用户提交的数据进行验证。客户端验证一般可以通过多种方式来实现，包括使用 HTML5 内置的验证属性、JavaScript 表单验证库等。客户端验证可以实时、动态地提示用户输入是否正确，只有用户输入正确后才会将表单数据发送给服务器。

- 服务器端验证是指用户把表单数据提交到服务器端，由服务器端对表单数据进行验证。在服务器端验证时，若出现错误，则会将错误消息加入响应进行返回，待用户修改后再次提交表单数据，直到通过验证为止。

在开发真实项目时，客户端验证和服务器端验证都是必不可少的，不能忽略任何安全问题。由于 Flask-WTF 实现的是服务器端验证，客户端验证超出了本书介绍的范围，所以这里只介绍如何通过 Flask-WTF 实现服务器端验证。

Flask-WTF 的 FlaskForm 类中提供了用于验证表单数据的 validate_on_submit()方法，该方法内部会调用表单验证器对表单数据进行验证。

validate_on_submit()方法的返回值是布尔值，若返回值为 True，则表示用户提交的表单数据符合验证器定义的规则，说明通过验证；若返回值为 False，则表示用户提交的表单数据不符合验证器定义的规则，说明未通过验证。

针对未通过验证的情况，FlaskForm 会将错误消息添加到表单类的 errors 属性中，errors 属性的值是匹配表单字段类属性到错误消息列表的字典。若需要获取具体的错误消息列表，则可以在模板文件中通过 "form.字段名.errors" 进行获取。

接下来，通过一个案例分步骤演示如何通过 Flask-WTF 实现表单数据验证的功能，具体步骤如下。

（1）在 Chapter04 项目的 app.py 文件中，使用 Flask-WTF 扩展包创建表单，具体代码如下所示。

```
1   from flask import Flask, render_template
2   from flask_wtf import FlaskForm
3   from wtforms import StringField, PasswordField, SubmitField
4   from wtforms.validators import DataRequired, Length, EqualTo
5   class RegisterForm(FlaskForm):
6       username = StringField(label='用户名: ', render_kw={'required': False},
7                           validators=[DataRequired(message='用户名不能为空'),
8                           Length(3, 15, message='长度应该为 3～15 个字符')])
9       password = PasswordField('密码: ', render_kw={'required': False},
10                          validators=[DataRequired(message='密码不能为空')])
11      password2 = PasswordField('确认密码: ', render_kw={'required': False},
12                          validators=[DataRequired(message='密码不能为空'),
13                          EqualTo('password', message='两次密码不一致')])
14      submit = SubmitField('注册')
```

上述代码中，第 6～13 行代码定义了 3 个类属性，每个属性的值都是字段类对象，这些对象在实例化时都通过 render_kw 参数设置了关闭 HTML5 内置验证属性 required，以 "绕过"

客户端验证。

（2）定义视图函数 register()，对用户提交的表单数据进行验证，具体代码如下所示。

```
1   app = Flask(__name__)
2   app.secret_key = '34sdfji9453#$@'
3   @app.route('/register', methods=['GET', 'POST'])
4   def register():
5       form = RegisterForm()
6       if form.validate_on_submit():
7           return '注册成功！'
8       return render_template('register_wtf.html', form=form)
9   if __name__ == '__main__':
10      app.run()
```

上述代码中，第 6～8 行代码在 register()函数中通过 validate_on_submit()方法对注册表单的数据进行验证。若验证通过，则在浏览器页面显示"注册成功！"的信息；若验证未通过，则渲染模板文件 register_wtf.html，并传递表单数据 form。

（3）在 Chapter04 项目的 templates 目录下新建模板文件 register_verification.html，在该模板文件中获取表单字段的错误消息，具体代码如下所示。

```
1   <!DOCTYPE html>
2   <html lang="en">
3   <head>
4       <meta charset="UTF-8">
5   </head>
6   <body>
7       <h1>注册页面</h1>
8       <form method="post">
9           {# 定义宏循环遍历错误消息列表#}
10          {% macro print_error(form_fields) %}
11          {% for error_message in form_fields %}
12              <p class="error" style="color: red;
13                              display:inline;" >{{ error_message }}</p>
14          {% endfor %}
15          {% endmacro %}
16          {{ form.csrf_token }}
17          <span>{{ form.username.label }}</span><br>
18          {{ form.username }}{{ print_error(form.username.errors) }}<br>
19          <span>{{ form.password.label }}</span><br>
20          {{ form.password }}{{ print_error(form.password.errors) }}<br>
21          <span>{{ form.password2.label }}</span><br>
22          {{ form.password2 }}{{ print_error(form.password2.errors) }}<br>
23          <p>{{ form.submit }}</p>
24      </form>
25  </body>
26  </html>
```

上述代码中，第 18、20、22 行代码分别通过 form.username.errors、form.password.errors 和 form.password2.errors 获取了每个字段对应的错误消息。

（4）重启开发服务器，通过浏览器访问 http://127.0.0.1:5000/register 后页面中会展示注册表单，在注册表单中不输入任何内容，单击"注册"按钮后每个输入框后面会提示错误消息，如图 4-6 所示。

图 4-6　每个输入框后面会提示错误消息

从图 4-6 中可以看出，通过 Flask-WTF 成功地对表单数据进行了验证。

4.3　类视图

在第 2 章中我们介绍了使用视图函数处理 HTTP 请求，虽然视图函数可以处理不同方式的 HTTP 请求，但若将所有请求方式的处理逻辑都写在同一个视图函数中，视图函数的代码很可能会变得冗余且复杂。为了解决这一问题，我们可以使用类视图来处理 HTTP 请求。Flask 中提供了标准类视图和基于方法的类视图。接下来，本节将对标准类视图和基于方法的类视图进行介绍。

4.3.1　标准类视图

在 Flask 中，标准类视图是继承 flask.views 模块中基类 View 的子类，该子类中必须重写 View 类中的 dispatch_request()方法。除重写 dispatch_request()方法外，我们可以根据需要向 View 的子类中添加其他属性或方法，关于这些属性和方法的介绍如下。

- methods 属性：设置当前类视图可以处理的请求方式。
- decorators 属性：为类视图指定装饰器列表，该列表中可以放置一个或多个装饰器。
- dispatch_request()方法：用于实现处理不同 HTTP 请求的具体逻辑，该方法可以通过关键字参数接收 URL 传递的参数。
- as_view()方法：用于将类转换为可以为路由注册的视图函数。as_view()方法必须传入一个 name 参数，用于指定动态生成视图函数的名称，也可以根据需要传入一些位置参数和关键字参数，这些参数都会转发给类的构造方法，以创建类的实例，并调用类内部的 dispatch_request()方法。

如果希望类视图能够对浏览器发送的 HTTP 请求进行处理，那么需要将类视图与 URL 建立映射关系。我们需要通过 add_url_rule()方法将类视图与 URL 进行映射，不过对于该方法的 view_func 参数，不能直接传入类视图的名称，而是需要传入通过 as_view()方法将类视图转换后的视图函数。

　　为帮助大家更好地理解，接下来，演示如何定义与使用类视图，示例代码如下所示。

```
1   from flask import Flask
2   from flask.views import View
3   class MyView(View):                         # 定义类视图
4     def dispatch_request(self, name):         # 重写 dispatch_request()方法
5         return f'hello {name}'
6   app = Flask(__name__)
7   # 将类视图与 URL 进行映射
8   app.add_url_rule('/hello/<name>', view_func=MyView.as_view('myview'))
9   if __name__ == '__main__':
10      app.run()
```

　　在上述代码中，第 2 行代码从 flask.views 模块中导入了 View 类，第 3～5 行代码定义了一个继承 View 的子类 MyView，MyView 类中重写了 dispatch_request()方法，该方法中包含一个 name 参数，用于接收 URL 传递过来的参数。

　　第 8 行代码调用 add_url_rule()方法将 MyView 类与 URL 进行映射，该方法传入的第一个参数为/hello，用于指定触发类视图 MyView 的 URL 规则；传入 view_func 参数的值为 MyView.as_view('myview')，用于指定类 MyView 转换后的视图函数 myview()。

　　运行代码，通过浏览器访问 http://127.0.0.1:5000/hello/flask 后页面中会展示类视图中 dispatch_request()方法返回的内容，如图 4-7 所示。

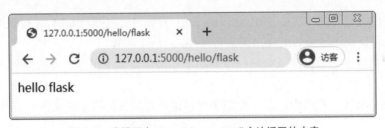

图 4-7　类视图中 dispatch_request()方法返回的内容

　　从图 4-7 中可以看出，页面上显示的内容是 hello flask，说明类视图成功处理了 HTTP 请求。

　　此外，我们也可以在类视图中通过 methods 属性设置当前类视图可以处理的请求方式。例如，在上述示例的 MyView 类中，设置当前类视图可以处理 GET 请求和 POST 请求，并在 dispatch_request()方法中添加处理 GET 请求的具体逻辑，修改后的代码如下所示。

```
1   from flask import Flask, request
2   from flask.views import View
3   class MyView(View):                         # 定义类视图
4     methods = ['GET', 'POST']                 # 指定请求方式
5     def dispatch_request(self, name):         # 重写 dispatch_request()方法
6         if request.method == 'GET':
7             return f'hello {name}'
8   app = Flask(__name__)
9   # 将类视图与 URL 进行映射
10  app.add_url_rule('/hello/<name>', view_func=MyView.as_view('myview'))
11  if __name__ == '__main__':
12      app.run()
```

在上述代码中，第 4 行代码将 methods 属性的值设置为['GET', 'POST']，用于指定当前类视图 MyView 可以处理 GET 请求和 POST 请求；第 6～7 行代码使用 if 语句处理 GET 请求的情况，若浏览器发送了 GET 请求，则返回字符串 hello flask。

再次运行代码，访问 http://127.0.0.1:5000/hello/flask 后，浏览器展示的页面效果与图 4-7 所示的效果相同。

4.3.2 基于方法的类视图

在 Flask 中，基于方法的类视图需要继承 flask.views 模块中的 MethodView 类，而 MethodView 类继承 View 类，由于 MethodView 类中已经重写了 dispatch_request()方法，所以定义基于请求方式的类视图时不需要重写 dispatch_request()方法。

在基于方法的类视图中，并非通过类属性 methods 来指定当前视图可以处理的请求方式，而是通过定义与请求方式同名的方法来处理不同的请求。例如，定义一个基于方法的类视图 LoginView，之后在该类中添加处理 GET 请求和 POST 请求的方法，代码如下所示。

```
from flask.views import MethodView
class LoginView(MethodView):
    def get(self):                         # 处理 GET 请求
        return '我负责处理 GET 请求'
    def post(self):                        # 处理 POST 请求
        return '我负责处理 POST 请求'
```

基于方法的类视图同样需要使用 add_url_rule()方法将类视图与 URL 进行映射，并会通过 as_view()方法将类视图转换后的视图函数传入 view_func 参数。

接下来，通过一个用户登录案例分步骤演示如何定义与使用基于方法的类视图，具体步骤如下所示。

（1）在 templates 文件夹中添加一个用于展示用户登录页面的模板文件 login.html，代码如下所示。

```
<!DOCTYPE html>
<html lang="en">
<head>
    <meta charset="UTF-8">
</head>
<body>
    <form action="" method=post>
        <span>用户名:</span><br>
        <input type=text name=username><br>
        <span>密码:</span><br>
        <input type=password name=password><br>
        <p><input type=submit value=登录></p>
    </form>
</body>
</html>
```

（2）在 app.py 文件中定义与使用基于方法的类视图，代码如下所示。

```
1    from flask.views import MethodView
2    from flask import Flask, render_template, request
3    class LoginView(MethodView):
```

```
4        def get(self):                                # 处理 GET 请求
5            return render_template('login.html')
6        def post(self):                               # 处理 POST 请求
7            username = request.form.get('username')   # 获取输入的用户名
8            password = request.form.get('password')   # 获取输入的密码
9            # 判断用户名是否为 flask、密码是否为 123
10           if username =='flask' and password == '123':
11               return f'用户: {username}登录成功。'
12           else:
13               return '用户名或密码错误，请重新登录。'
14   app = Flask(__name__)
15   app.add_url_rule('/login', view_func=LoginView.as_view('login'))
16   if __name__ == '__main__':
17       app.run()
```

在上述代码中，第 3～13 行代码定义了一个基于方法的类视图 LoginView，该类中包含两个方法 get()和 post()，分别用于处理 GET 请求和 POST 请求；第 15 行代码调用 add_url_rule() 方法将类视图 MethodView 与 URL 进行映射。

（3）运行代码，通过浏览器访问 http://127.0.0.1:5000/login 后页面中会展示用户登录表单，如图 4-8 所示。

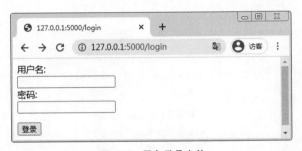

图 4-8　用户登录表单

在图 4-8 所示页面中，依次在"用户名"输入框和"密码"输入框中输入正确的用户名"flask"和密码"123"，单击"登录"按钮后页面中会展示登录成功的提示信息，如图 4-9 所示。

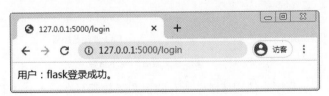

图 4-9　登录成功的提示信息

4.4　蓝图

随着业务功能的增加，Flask 程序会变得越来越复杂，如果我们仍然将所有业务的代码都写在一个 Python 文件中是非常不合适的，这样不仅会降低代码的可读性，还会增加后期维护代码的难度。为此 Flask 提出了蓝图的概念，蓝图提供了模块化管理的功能，可降低大型 Web

应用程序的开发难度。

蓝图是一种制作应用程序组件的方式，可以在应用程序内部使用或跨越多个项目使用。当分配请求时，Flask 会将蓝图和视图函数关联起来，并生成两个端点之前的 URL。

蓝图适用于以下场景。

（1）将一个应用程序分解成一组子模块。这是大型应用程序的理想选择，即项目实例化一个应用实例，初始化一些扩展，以及注册一组蓝图。

（2）用 URL 前缀或子域在应用程序中注册蓝图。URL 前缀或子域的参数成为该蓝图中所有视图函数的通用视图参数（具有默认值）。

（3）在一个应用程序中用不同的 URL 规则多次注册一个蓝图。

（4）通过蓝图提供模板过滤器、静态文件、模板和其他实用程序。蓝图不必实现应用程序或视图的功能。

（5）初始化 Flask 扩展时在应用程序中注册一个蓝图。

为了帮助大家更好地理解蓝图的好处，这里举一个例子进行说明。假设 Flask 程序包含 4个视图函数，它们分别用于处理普通用户和管理员这两个子模块的相关逻辑。如果在该程序中使用蓝图，那么使用蓝图前后的程序结构分别如图 4-10（a）和图 4-10（b）所示。

（a）使用蓝图前

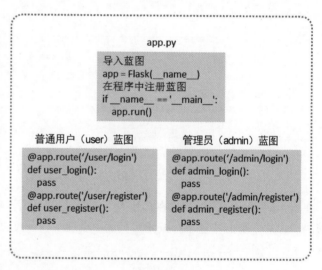

（b）使用蓝图后

图 4-10　使用蓝图前后的程序结构

在图 4-10（a）中，程序未使用蓝图，所有的视图函数都写在 app.py 文件中，不容易区分哪些视图函数用于处理普通用户模块的逻辑、哪些视图函数用于处理管理员模块的逻辑。在图 4-10（b）中，程序中注册了两个蓝图，分别是 user 蓝图和 admin 蓝图，其中 user 蓝图包含普通用户模块的视图函数，admin 蓝图包含管理员模块的视图函数，这样可使程序的结构变得比较清晰。

若想在 Flask 程序中使用蓝图，首先需要创建蓝图，然后对蓝图进行注册，其中创建蓝图需要通过 Blueprint 类来实现；注册蓝图需要通过 register_blueprint() 方法来实现。接下来，分别对创建蓝图和注册蓝图进行介绍。

1. 创建蓝图

使用 Blueprint 类的构造方法可以创建蓝图，蓝图中也可以定义路由，定义方式与在 Flask 实例中定义路由的方式相同。Blueprint 类构造方法中的声明格式如下。

```
flask.Blueprint(name, import_name, static_folder=None, static_url_path=None,
template_folder=None, url_prefix=None, subdomain=None, url_defaults=None,
root_path=None, cli_group=<object object>)
```

Blueprint 类构造方法中常用参数的含义如下。

- name：必选参数，表示蓝图的名称。
- import_name：必选参数，表示蓝图包的名称，通常为__name__。
- static_folder：可选参数，表示静态文件夹的路径。
- static_url_path：可选参数，表示静态文件的 URL。
- template_folder：可选参数，表示模板文件夹路径。
- url_prefix：可选参数，表示附加到所有蓝图 URL 的路径，用于与 Flask 程序的其他 URL 进行区分。

例如，在 Chapter04 项目的根目录下创建两个.py 文件，分别是 user.py 和 admin.py，在这两个文件中分别创建图 4-10（b）所示的 user 蓝图和 admin 蓝图。

user.py 文件的代码如下所示。

```
from flask import Blueprint
user = Blueprint('user', __name__)        # 创建蓝图
@user.route('/login')                     # 定义 URL 规则
def login():
    return 'user_login'
@user.route('/register')                  # 定义 URL 规则
def register():
    return 'user_register'
```

admin.py 文件的代码如下所示。

```
from flask import Blueprint
admin = Blueprint('admin', __name__)      # 创建蓝图
@admin.route('/login')                    # 定义 URL 规则
def login():
    return 'admin_login'
@admin.route('/add')
def add():
    return 'admin_add'
```

2. 注册蓝图

register_blueprint()方法用于将蓝图注册到 Flask 程序中，该方法的声明如下所示。

```
register_blueprint(blueprint, url_prefix, subdomain,
    url_defaults,**options)
```

register_blueprint()方法中常用参数的含义如下。

- blueprint：必选参数，表示要注册的蓝图。
- url_prefix：可选参数，表示附加到所有蓝图 URL 规则的前缀。

例如，在 Chapter04 项目的app.py文件中使用register_blueprint()方法注册 user 蓝图和 admin 蓝图，具体代码如下所示。

```
from admin import admin
from user import user
from flask import Flask
app = Flask(__name__)
app.register_blueprint(admin, url_prefix='/admin')   # 注册 admin 蓝图
app.register_blueprint(user, url_prefix='/user')     # 注册 user 蓝图
if __name__ == '__main__':
    app.run()
```

运行代码，通过浏览器分别访问 http://127.0.0.1:5000/user/login 和 http://127.0.0.1:5000/admin/login 后页面中显示的效果分别如图 4-11 和图 4-12 所示。

图 4-11　浏览器页面效果（1）

图 4-12　浏览器页面效果（2）

4.5　本章小结

本章首先介绍了通过 Flask 处理表单；然后介绍了通过 Flask-WTF 处理表单，包括安装 Flask-WTF 扩展包、使用 Flask-WTF 创建表单、在模板中渲染表单、使用 Flask-WTF 验证表单；接着介绍了类视图，包括标准类视图和基于方法的类视图；最后介绍了蓝图。希望通过本章的学习，读者能够掌握 Flask 中表单与类视图的使用方法，为后续的学习奠定扎实的基础。

4.6　习题

一、填空题

1. Flask 中标准类视图需要继承 flask.views 模块中的_____类。
2. 定义标准类视图时需要重写_____方法。
3. Flask 中基于方法的类视图需要继承 flask.views 模块中的_____类。
4. 在 Flask 程序中，注册蓝图需要使用_____方法。
5. 在模板文件中可通过_____获取 CSRF 令牌。

二、判断题

1. Flask-WTF 是 Flask 内置的扩展包，无须安装即可使用。（　　　）

2. 默认情况下，Flask-WTF 为每个表单启用 CSRF 保护。（　　　）

3. Flask 中定义的类视图需要重写 dispatch_request()方法。（　　　）

4. Flask 程序使用表单时需要设置密钥。（　　　）

5. WTForms 是一个使用灵活的表单验证和渲染库，可以与 Flask、Django 等多个 Web 框架结合使用。（　　　）

三、选择题

1. 下列选项中，表示复选框的字段类是（　　　）。

　　A. DataField　　　　　B. BooleanField　　　C. DataTimeField　　　D. FileField

2. 下列选项中，用于验证两个字段值是否相等的验证器是（　　　）。

　　A. DataRequired　　B. Email　　　　　　　C. EqualTo　　　　　　　D. Length

3. 下列选项中，关于 Flask-WTF 的描述说法错误的是（　　　）。

　　A. Flask-WTF 通过 Python 代码创建表单

　　B. Flask-WTF 支持表单数据验证、CSRF 保护等功能

　　C. 虚拟环境中无法使用 Flask-WTF 扩展包

　　D. 在安装 Flask-WTF 扩展包时会将 WTForms 一同安装

4. 下列选项中，关于类视图的描述说法错误的是（　　　）。

　　A. 类视图中可以使用类属性 methods 设置请求方式

　　B. 类视图定义完成之后就可以处理接收的请求

　　C. 基于方法的类视图中，通过定义与请求方式同名的类方法处理请求

　　D. 使用 add_url_rule()方法可以将类视图与 URL 进行映射

5. 下列选项中，关于蓝图的描述说法错误的是（　　　）。

　　A. 通过蓝图可以将 Flask 程序分解成不同模块

　　B. 使用 Blueprint 类可以创建蓝图对象

　　C. 蓝图创建成功后，需要注册到 Flask 程序中

　　D. 蓝图中不能定义路由

四、简答题

1. 简述如何使用 Flask-WTF 创建表单。

2. 简述如何定义类视图。

第 **5** 章

数据库操作

学习目标

◆ 了解数据库，能够表述数据库及其特点

◆ 熟悉 Flask-SQLAlchemy 的安装方式，能够在 Flask 程序中独立安装扩展包 Flask-SQLAlchemy

◆ 掌握数据库的连接方式，能够通过设置配置项 SQLALCHEMY_DATABASE_URI 的方式连接数据库

◆ 掌握模型的定义方式，能够在 Flask 程序中定义模型

◆ 掌握数据表的创建方式，能够使用 create_all()方法创建数据表

◆ 掌握模型关系，能够在模型类中定义一对多、一对一、多对多关系

◆ 了解数据操作的相关内容，能够独立实现增加数据、查询数据、更新数据和删除数据

拓展阅读

在开发 Web 程序时，通常会将绝大多数的网页中动态加载的数据存储在数据库中，这样做的目的是将页面层面和数据层面的逻辑进行分离，也就是说涉及页面层面的逻辑交由模板文件处理，涉及数据层面的逻辑交由数据库处理。Flask 中提供了扩展包 Flask-SQLAlchemy，使用该扩展包可以轻松地对数据库进行操作。本章先为大家介绍数据库，再对扩展包 Flask-SQLAlchemy 的相关内容进行介绍。

5.1 数据库概述

数据库是按照一定的数据结构组织、存储和管理数据的仓库，它可以被看作电子化的文件柜——存储文件的处所，用户可以对文件中的数据进行增加、删除、修改、查找等操作。值得一提的是，这里所说的数据不仅包括普通意义上的数字，还包括文字、图像、声音等。

根据存储数据时所用的不同数据模型，当今互联网领域中的数据库主要可分成两大类，分别是关系数据库和非关系数据库，关于这两类数据库的介绍如下。

1. 关系数据库

关系数据库是指采用关系模型（即二维表格模型）组织数据的数据库系统，它主要由数

据库、数据表、记录和字段组成，关于这几个部分的介绍如下。

- 数据库：数据表的集合，可以包含一张或多张数据表。
- 数据表：记录的集合。
- 记录：由若干个字段组成，每条记录相当于表中的一行数据。
- 字段：每个字段相当于表中的一列数据。

为了加深大家对数据表结构的理解，接下来，以描述学生信息的数据表 student 为例展示数据表的结构，具体如图 5-1 所示。

字段

id	name	age
16806001	张三	19
16806002	李四	17
16806003	王五	18
16806004	赵六	19

记录

图 5-1　数据表的结构

关系数据库历经了几十年的发展，技术已经非常成熟，这类数据库具有容易理解、操作简单、易于维护的特点，被广泛应用到各行业的数据管理工作中。目前主流的关系数据库有 Oracle、MySQL、Db2、PostgreSQL、SQL Server、Microsoft Access 等，其中使用较多的有 Oracle 和 MySQL 数据库。

2. 非关系数据库

非关系数据库也被称为 NoSQL（Not Only SQL）数据库，相比关系数据库，非关系数据库没有固定的结构，无须事先为要存储的数据建立字段，既可以拥有不同的字段，也可以存储各种格式的数据。

非关系数据库的优点是易扩展、读写性能好、格式灵活，缺点是对复杂查询的业务支持较差，它只适合存储一些结构比较简单的数据。

非关系数据库的种类繁多，主要可以分为键值存储数据库、列存储数据库、文档型数据库，下面分别介绍这些数据库各自的特点及适用范围。

（1）键值存储数据库

键值存储数据库采用键值结构存储数据，每个键分别对应一个特定的值。这类数据库具有易部署、查询速度快、存储量大等特点，适用于日志系统等。键值存储数据库的典型代表有 Redis、Flare、MemcacheDB 等。

（2）列存储数据库

列存储数据库采用列式结构存储数据，将同一列数据存储到一起。这类数据库具有查询速度快、可扩展性强等特点，更容易进行分布式扩展，适用于分布式的文件系统。列存储数据库的典型代表有 HBase、Cassandra 等。

（3）文档型数据库

文档型数据库的结构与键值存储数据库的类似，采用文档（如 JSON 或 XML 等格式的文档）结构存储数据，每个文档中包含多个键值对。这类数据库的数据结构要求并不严格，具有表结构可变、查询速度快的特点，适用于 Web 应用的场景。文档型数据库的典型代表有

MongoDB、CouchDB 等。

需要说明的是，本书选择以 MySQL 数据库为例介绍如何在 Flask 程序中操作数据库，因此我们还需要在计算机中安装 MySQL 数据库，具体的安装过程可以参考"MySQL 安装说明.docx"文档，此处不赘述。

5.2　安装 Flask-SQLAlchemy

Flask-SQLAlchemy 是 Flask 中用于操作关系数据库的扩展包，该扩展包内部集成了 SQLAlchemy，并简化了在 Flask 程序中使用 SQLAlchemy 操作数据库的功能。SQLAlchemy 是由 Python 实现的框架，该框架内部封装了 ORM（Object Relational Mapping，对象关系映射）和原生数据库的操作，可以让开发人员在不编写 SQL 语句的前提下，通过 Python 对象操作数据库及其内部的数据。

扩展包 Flask-SQLAlchemy 的安装方式与其他扩展包的类似，都是通过 pip 命令进行安装。例如，在命令提示符窗口中输入安装 Flask-SQLAlchemy 扩展包的命令，具体命令如下所示。

```
(flask_env) E:\env_space> pip install flask-sqlalchemy
```

以上命令执行后，若命令提示符窗口输出如下信息则表明 Flask-SQLAlchemy 安装成功。

```
......
Installing collected packages: greenlet, SQLAlchemy, flask-sqlalchemy
Successfully installed SQLAlchemy-1.4.25 flask-sqlalchemy-2.5.1
greenlet-1.1.2
```

从上述信息可以看出，在安装 Flask-SQLAlchemy 扩展包时，会将 SQLAlchemy 一同安装，无须另行安装。

值得一提的是，SQLAlchemy 一般会让其内部的 Dialect 组件与数据库 API（Application Program Interface，应用程序接口）进行交流，并根据不同的配置文件调用不同的数据库 API，如第三方库 PyMySQL，从而实现对数据库的操作。为此，我们还需要在 Python 环境中安装 PyMySQL 库，具体的安装命令如下所示。

```
(flask_env) E:\env_space> pip install Pymysql
```

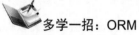
多学一招：ORM

在 Web 程序中开发人员若使用原生 SQL 语句操作数据库，主要会存在以下问题。

（1）过多的 SQL 语句会降低代码的可读性，另外也容易出现诸如 SQL 注入（一种网络攻击方式，它利用开发人员编写 SQL 语句时的疏忽，使用 SQL 语句实现无账号登录甚至篡改数据库）等安全问题。

（2）开发人员开发时通常会使用 SQLite 数据库，而在部署时会切换到诸如 MySQL 等更为健壮的数据库。由于不同数据库需要用到不同的 Python 库，所以切换数据库就需要对代码中使用的 Python 库进行同步修改，这会增加一定的工作量。

为了解决上述问题，Python 中引入了 ORM 技术。ORM 是一种解决面向对象与关系数据库互不匹配问题的技术，用于实现面向对象编程语言中模型对象到关系数据库数据的映射。

对于 Python 语言来说，ORM 会将底层的 SQL 语句操作的数据实体转化成 Python 对象，这样一来，我们无须了解 SQL 语句的编写规则，通过 Python 代码即可完成数据库操作。ORM 主要实现了以下 3 种映射关系。

- 数据表→Python 类。
- 字段（列）→类属性。
- 记录（行）→类实例。

5.3 使用 Flask-SQLAlchemy 操作 MySQL

本节以 MySQL 数据库为例，为大家介绍如何使用扩展包 Flask-SQLAlchemy 连接数据库、定义模型、创建数据表，以及如何建立模型之间的关系。

5.3.1 连接数据库

在操作数据库之前，我们需要先建立 Flask 程序与数据库的连接，这样才能让 Flask 程序访问数据库，并进一步对数据库中的数据进行操作。Flask 为 Flask-SQLAlchemy 扩展包提供了配置项 SQLALCHEMY_DATABASE_URI，该配置项用于指定数据库的连接，它的值是一个有着特殊格式的 URI（Uniform Resource Identifier，统一资源标识符），URI 涵盖了连接数据库所需要的全部信息，包括用户名、密码、主机名、数据库名称以及用于额外配置的可选关键字参数等。

URI 的典型格式如下所示。

```
dialect+driver://username:password@host:port/database
```

URI 格式中各部分的含义如下。

- dialect+driver：表示数据库类型和驱动程序。数据库类型的取值可以为 postgresql（PostgreSQL 数据库）、mysql（MySQL 数据库）、oracle（Oracle 数据库）、sqlite（SQLite 数据库）等。如果未指定驱动程序，则说明选择默认的驱动程序，这时可以省略加号。
- username：表示数据库的用户名。
- password：表示数据库的密码。
- host：表示主机地址。
- port：表示端口号。
- database：表示连接的数据库名。

接下来，通过表格来列举一些常见数据库的 URI，具体如表 5-1 所示。

表 5-1　常见数据库的 URI

数据库	URI 示例
PostgreSQL	postgresql://root:123@localhost/flask_data
MySQL	mysql://root:123@localhost/flask_data
Oracle	oracle://root:123@127.0.0.1:1521/flask_data
SQLite（Windows 平台）	sqlite:///C:\\absolute\\path\\to\\foo.db
SQLite（UNIX/macOS 平台）	sqlite:////absolute/path/to/foo.db

表 5-1 中罗列了 PostgreSQL、MySQL、Oracle 和 SQLite 数据库的 URI 示例，其中 SQLite 数据库的 URI 与其他数据库的 URI 格式有些不同，冒号后面跟着 3 个或 4 个斜线。

接下来，演示如何在 Flask 程序中连接 MySQL 数据库。创建一个名称为 Chapter05 的项目，在该项目中新建 app.py 文件，并在 app.py 文件中编写连接 MySQL 数据库的代码，示例代码如下所示。

```python
from flask import Flask
from flask_sqlalchemy import SQLAlchemy
app = Flask(__name__)
# 通过 URI 连接数据库
app.config['SQLALCHEMY_DATABASE_URI'] =
    'mysql+pymysql://root:1234567@localhost/flask_data'
db = SQLAlchemy(app)
```

运行代码，控制台会输出如下警告信息：

```
E:\env_space\flask_env\lib\site-packages\flask_sqlalchemy\__init__.py:872:
FSADeprecationWarning: SQLALCHEMY_TRACK_MODIFICATIONS adds significant overhead and
will be disabled by default in the future.  Set it to True or False to suppress this warning.
    warnings.warn(FSADeprecationWarning(
<SQLAlchemy engine=None>
```

从上述加粗信息可以看出，程序建议添加 SQLALCHEMY_TRACK_MODIFICATIONS 配置项，该配置项用于指定是否跟踪数据库信息的修改，它会在未来版本中被移除。此时我们可以将 SQLALCHEMY_TRACK_MODIFICATIONS 配置项的值暂时设为 True 或者 False，以消除警告信息。

在 app.py 文件中添加设置 SQLALCHEMY_TRACK_MODIFICATIONS 配置项的代码，具体代码如下所示。

```python
# 动态追踪数据库的修改，不建议开启
app.config['SQLALCHEMY_TRACK_MODIFICATIONS'] = False
```

再次运行代码，控制台不再输出任何警告信息。

由于数据库 flask_data 还没有被创建，所以我们需要手动创建 flask_data 数据库，既可以通过 MySQL 命令的创建，也可以通过 Navicat 工具创建。

接下来，以 MySQL 命令的方式演示如何创建 flask_data 数据库。打开 MySQL 8.0 Command Line Client – Unicode 工具，在该工具中输入创建以及查看数据库的命令，命令及其执行结果如下所示。

```
mysql> CREATE DATABASE flask_data;
Query OK, 1 row affected (0.02 sec)
mysql> SHOW DATABASES;
+--------------------+
| Database           |
+--------------------+
| flask_data         |
| information_schema |
| mysql              |
| performance_schema |
+--------------------+
4 rows in set (0.01 sec)
```

从上述命令的执行结果可以看出，flask_data 数据库创建成功。

5.3.2 定义模型

Flask 中的模型以 Python 类的形式进行定义,所有的模型类都需要继承自 Flask-SQLAlchemy 提供的基类 db.Model,它们通常保存在 Flask 程序的 model.py 文件中。Flask-SQLAlchemy 会按照 ORM 的映射关系将模型类转换成数据表,关于数据表的名称有以下两种情况。

(1)若模型类中包含类属性__tablename__,则会将类属性__tablename__的值作为数据表的名称。

(2)若模型类中没有包含类属性__tablename__,则会将模型类的名称按照一定的规则转换成数据表的名称。转换的规则主要涉及两种情况:若模型类的名称是一个单词,则会将所有字母转换为小写形式作为数据表的名称,例如,模型类 User 对应的数据表为 user;若模型类的名称是多个单词,则会将所有字母转换为小写形式,以下画线连接的多个单词作为数据表的名称,例如,模型类 MyUser 对应的数据表为 my_user。

例如,定义一个表示用户的模型类 User,具体代码如下所示。

```
class User(db.Model):
    id = db.Column(db.Integer, primary_key=True)
    username = db.Column(db.String(80), unique=True, nullable=False)
    email = db.Column(db.String(120), unique=True, nullable=False)
```

在上述代码中,定义了一个继承自 db.Model 的模型类 User,User 类中包含 id、username 和 email 共 3 个属性,属性的值是 db.Column 类的对象。db.Column 类封装了字段的相关属性或方法,db.Column 类构造方法的声明如下所示。

```
__init__(name, type_, autoincrement, default, doc, key, index, info,
    nullable, onupdate, primary_key, server_default, server_onupdate,
    quote, unique, system, comment, *args, **kwargs)
```

上述方法中常用参数的含义如下。

- name:表示数据表中此列的名称。若省略,默认使用类属性的名称。

- type_:表示字段的类型。若该参数的值为 None 或省略,则使用默认类型 NullType,表示未知类型。

- default:表示为字段设置默认值。

- index:表示是否为字段创建索引。

- nullable:确定字段的值是否为空,若设置为 False,则会在为此列生成数据库模式定义语言(Data Definition Language,DDL)时加上 NOT NULL 语句;若设置为 True,通常不会生成任何内容。

- primary_key:表示是否将字段设置为主键,若设置为 True,则会将此列标记为主键列。若为多个列可以设置此参数以指定复合主键。

- unique:表示该字段是否具有唯一约束,若设置为 True,则该字段将不允许出现重复值。

- *args:其他位置参数,该参数的值可以为 Constraint(表级 SQL 约束)、ForeignKey(外键)、ColumnDefault、Sequence 和 Computed Identity 类实例。

上述参数中,type_参数的取值可以是任意字段类型,比如 User 类中的 Integer 和 String。常见的字段类型如表 5-2 所示。

表 5-2　常见的字段类型

字段类型	说明
Integer	整数
String(size)	字符串，可通过 size 设置最大长度
Text	较长的 Unicode 文本
DateTime	日期和时间，存储 Python 的 datetime 对象
Float	浮点数
Boolean	布尔值
PickleType	存储 Pickle 序列化的 Python 对象
LargeBinary	存储任意二进制数据

需要说明的是，若字段的类型为 String，则建议为其指定长度，这是因为有些数据库会要求限制字符串的长度。

5.3.3　创建数据表

定义了模型类以后，如果希望根据模型类生成对应的数据表，可以通过 db 对象调用 create_all()方法来实现。

接下来，以 5.3.2 小节定义的模型类 User 为例，演示如何通过 create_all()方法创建数据表。通过命令提示符窗口进入虚拟环境，执行 flask shell 命令启用 Flask Shell 工具，在该工具中执行创建数据表的命令，具体命令如下所示。

```
(flask_env) E:\PythonProject\测试>flask shell
Python 3.8.2 (tags/v3.8.2:7b3ab59, Feb 25 2020, 23:03:10) [MSC v.1916 64 bit (AMD64)]
on win32
App: app [production]
Instance: E:\PythonProject\Chapter05\instance
>>> from app import db
>>> db.create_all()
```

上述命令执行后，会在数据库 flask_data 中增加一张名称为 user 的数据表。为了能够直观地看到 user 表的结构，我们可以在 Navicat 工具中打开 user 表。user 表的结构如图 5-2 所示。

图 5-2　user 表的结构

从图 5-2 中可以看出，数据表中的每个字段对应着模型类 User 中的每个属性。

若希望删除数据表，则可以通过 db 对象调用 drop_all()方法来实现。

5.3.4　模型关系

在 MySQL 数据库中，我们可以通过关系让不同数据表的字段建立联系，数据表的关系包括一对多关系、一对一关系和多对多关系，模型类之间也需要根据实际情况建立关系。在 Flask 的模型类中，建立关系一般通过两步实现，分别是创建外键和定义关系属性，关于它们的详细介绍如下。

（1）创建外键

外键是数据表的特殊字段，它经常与主键约束搭配使用，用于将两张或多张数据表进行关联。对于两张有关联关系的数据表来说，关联字段中主键所在的表就是主表（也称为父表），外键所在的表就是从表（也称为子表）。

当在模型类中通过 Column 类的构造方法创建字段时，可以传入 db.ForeignKey 类的对象，用于将关联表中的字段指定为外键。db.ForeignKey 类的构造方法中必须传入 column 参数，column 参数表示外键关联表的字段，该参数支持两种取值：第 1 种取值是 _schema.Column 类的对象；第 2 种取值为包含字段名称的字符串，字符串的格式为"数据表名.字段名"或"schema.数据表名.字段名"。

（2）定义关系属性

定义关系属性可通过 db.relationship() 函数实现。大多数情况下，db.relationship() 函数能够自行找到关系中的外键，但在关系另一侧的模型类中有两个或两个以上的外键时无法决定将哪个字段作为外键。此时，我们可以根据需要给 db.relationship() 函数传入相应的参数，从而确定所用的外键。db.relationship() 函数中常用参数如下所示。

- argument：表示关系另一侧模型类的名称。
- back_populates：定义反向引用，用于建立数据表之间的双向关系。
- backref：添加反向引用，自动在另一侧建立关系属性。
- primaryjoin：明确指定两个模型之间使用的联结条件，只有在"模棱两可"的关系中才需要指定。
- lazy：指定加载相关记录的方式，默认值为'select'，代表在必要时一次性加载全部记录，作用等同于 lazy=True。除此之外，lazy 参数还支持以下几个取值。

a）joined：和父查询一样加载记录，但使用联结，作用等同于 lazy=False。

b）immediate：一旦父查询加载，就加载记录。

c）subquery：类似于 joined，但会使用子查询。

d）dynamic：不直接加载记录，而是返回一个包含相关记录的 query 对象，以便继续通过查询函数对 query 对象进行过滤。

- order_by：指定加载相关记录时的排序方式。
- secondary：表示多对多关系中指定的关联表。
- uselist：指定是否以列表的形式加载记录。若设为 False，则会以标量的形式加载记录。

接下来，按照上述步骤为大家介绍如何使用 Flask-SQLAlchemy 建立模型之间的一对多、一对一、多对多关系。

1. 一对多关系

一个用户可以在社交平台发表多条心情内容，反过来讲一条心情内容只能属于一个用户，用户与心情内容之间的对应关系就是一对多关系。在模型类中定义一对多关系时，一般是在

"多"这一侧对应的模型类中创建外键，在"一"这一侧对应的模型类中定义关系属性。

例如，定义分别表示用户和心情内容的类 User 和 Mood 时，在"一"这一侧的 User 类中定义关系属性，在"多"这一侧对应的 Mood 类中创建外键，具体代码如下所示。

```
class User(db.Model):
    id = db.Column(db.Integer, primary_key=True)
    username = db.Column(db.String(80), unique=True, nullable=False)
    # 定义关系属性
    mood = db.relationship("Mood", backref='user', lazy='dynamic')
class Mood(db.Model):
    id = db.Column(db.Integer, primary_key=True)
    content = db.Column(db.String(20), nullable=False)
    # 创建外键
    content_id = db.Column(db.Integer, db.ForeignKey('user.id'))
```

上述代码定义了两个模型类 User 和 Mood。在 User 类中通过 db.relationship()函数定义了关系属性 mood，该函数中传入的第 1 个参数为 Mood，说明与 Mood 类建立关系；传入 backref 参数的值为 user，说明 Mood 类中会添加一个 user 属性；传入 lazy 参数的值为 dynamic，说明不直接加载记录。

在 Mood 类中创建了一个 content_id 字段，该字段为整数类型，外键为 user.id。

2. 一对一关系

一个公民只能有一个有效身份证，一个身份证也只能属于一个公民，公民与身份证之间的对应关系就是一对一关系。在定义一对一关系时，我们需要确保关系两侧的模型类中的关系属性都是标量属性，也就是说调用 db.relationship()函数时需要将 uselist 参数的值设为 False。

例如，定义分别表示公民和身份证的类 Person 和 IdentityCard，在 Person 和 IdentityCard 类中定义关系属性，并设置以标量的形式加载记录，具体代码如下所示。

```
class Person(db.Model):
    id = db.Column(db.Integer, primary_key=True)
    name = db.Column(db.String(80), unique=True, nullable=False)
    # 定义关系属性，并以标量的形式加载记录
    identity = db.relationship("IdentityCard", back_populates='identity',
                               uselist=False)
class IdentityCard(db.Model):
    id = db.Column(db.Integer, primary_key=True)
    number = db.Column(db.String(20), unique=True)
    # 创建外键
    person_id = db.Column(db.Integer, db.ForeignKey('person.id'))
    # 定义关系属性，并以标量的形式加载记录
    president = db.relationship("Country", back_populates='president')
```

需要注意的是，一对一关系其实是在一对多关系的基础上转化来的，只不过是在"多"这一侧对应的类中也定义了关系属性，并且这个关系属性本身就是标量属性，因此我们在 IdentityCard 类中定义关系属性时，不需要再将 uselist 参数的值设为 False。

3. 多对多关系

每个学生可以有多个老师，而每个老师也可以有多个学生，学生与老师的这种对应关系就是多对多的关系。定义多对多关系时，由于每条记录可以与关系另一侧的多条记录建立关系，所以关系两侧的模型类中都需要存储一组外键。

为了降低多对多关系的理解难度，我们可以创建一个关联表，通过这个关联表来存储关

系两侧模型类的外键对应关系，而不会存储任何数据。在 SQLAlchemy 中，关联表使用 db.Table 类定义，当使用 db.Table 类的构造方法实例化对象时需要传入关联表的名称。

例如，先定义分别表示老师和学生的类 Teacher 和 Student，在 Teacher 和 Student 类中分别定义关系属性，并设置以标量的形式加载记录，再定义一个关联表，具体代码如下所示。

```
# 创建关联表
association_table = db.Table('association',
    db.Column('student_id', db.Integer, db.ForeignKey('student.id'),
    db.Column('teacher_id', db.Integer, db.ForeignKey('teacher.id'),
            primary_key=True)
)
class Student(db.Model):
    id = db.Column(db.Integer, primary_key=True)
    name = db.Column(db.String(20), unique=True)
    gender = db.Column(db.String(10), nullable=False)
    teacher = db.relationship('Teacher', secondary=association_table,
                            back_populates='student')
class Teacher(db.Model):
    id = db.Column(db.Integer, primary_key=True)
    name = db.Column(db.String(20), unique=True)
```

5.4 数据操作

数据操作一般包括增加、查询、更新、删除操作，其中增加、更新、删除操作均由 Flask-SQLAlchemy 的数据库会话管理，查询操作由模型类的 query 属性管理。数据库会话可以通过 db.session 进行获取，它代表一个临时的存储区，主要负责记录对数据的任何改动，只有主动调用 commit()方法才会真正地将数据提交到数据库，可保证数据提交的一致性。接下来，本节将为大家介绍如何使用 Flask-SQLAlchemy 操作数据表中的数据，包括增加数据、查询数据、更新数据和删除数据。

5.4.1 增加数据

在 Flask-SQLAlchemy 中，db.session 提供了增加数据的 add()和 add_all()方法，其中 add()方法用于向数据库中增加一条记录，add_all()方法用于向数据库中增加多条记录。

接下来，以 5.3.2 小节创建的模型类 User 为例，为大家演示如何通过 add()和 add_all()方法向数据库中添加一条和多条记录，具体代码如下所示。

```
1   @app.route("/")
2   def hello_flask():
3       # 创建 User 类的对象
4       user1 = User(username="小明", email='123@qq.com')
5       user2 = User(username="小张", email='456@qq.com')
6       user3 = User(username="小红", email='789@qq.com')
7       # 将 User 类的对象添加到数据库会话中
8       db.session.add(user1)
9       db.session.add_all([user2, user3])
10      # 使用 commit()方法将数据从数据库会话提交至数据库
```

```
11      db.session.commit()
12      return "OK"
13  if __name__ == "__main__":
14      app.run()
```

在上述代码中，第 2～12 行代码定义了一个视图函数 hello_flask()。其中第 4～6 行代码在视图函数内部创建了 3 个 User 类的对象，分别是 user1、user2 和 user3；第 8～9 行代码分别调用 add() 和 add_all() 方法将 user1、user2 和 user3 添加到数据库会话中；第 11 行代码调用 commit() 方法将数据从数据库会话中提交至数据库；第 12 行代码返回了字符串 OK。

需要说明的是，创建 User 类的对象时并没有传入 id 字段的值，这是因为主键由 SQLAlchemy 管理。创建 User 类对象后会将这些对象作为临时对象，直至程序将数据提交至数据库会话后才会将这些对象转换为记录写入数据库，并且会自动获得 id 字段的值。

运行程序，访问 http://127.0.0.1:5000/后页面会展示"OK"，这时可打开 Navicat 工具查看 flask_data 数据库的 user 表，user 表如图 5-3 所示。

图 5-3　user 表——增加数据

由图 5-3 右侧的数据可知，数据表中成功增加了 3 条记录。

5.4.2　查询数据

Flask-SQLAlchemy 的 Model 类中提供了 query 属性，Model 类的对象通过访问 query 属性可以获取一个查询对象（Query 类实例），该对象中提供了一些过滤方法和查询方法可用于对查询结果进行过滤和筛选，以便精准地查找。查询数据的语法格式如下所示。

```
模型类.query.<过滤方法>.<查询方法>
```

在上述格式中，过滤方法和查询方法是可选的，使用过滤方法查询后会返回一个新的查询对象，过滤方法和查询方法可以叠加使用，另外也可以单独使用查询方法。查询对象的过滤方法和查询方法分别如表 5-3 和表 5-4 所示。

表 5-3　查询对象的过滤方法

方法	说明
filter()	根据指定的规则过滤记录，返回新产生的查询对象
filter_by()	以关键字形式根据指定的规则过滤记录，返回新产生的查询对象
order_by()	根据指定条件对原始查询对象进行排序，返回新产生的查询对象
limit()	根据指定的值限制原始查询对象返回的结果数量，返回新产生的查询对象
offset()	根据指定的值偏移原先查询的结果，返回新产生的查询对象
group_by()	根据指定的条件对记录进行分组，返回新产生的查询对象
with_entities()	根据指定实体替换查询列表，返回新产生的查询对象

表 5-4　查询对象的查询方法

方法	说明
first()	返回查找到的第一条记录，若没有找到，则返回 None
first_or_404()	返回查找到的第一条记录，若没有找到，则返回 404 错误响应
get()	返回指定主键值对应的记录，若没有找到，则返回 None
get_or_404()	返回指定主键值对应的记录，若没有找到，则返回 404 错误响应
count()	返回查找到的记录数量
all()	以列表形式返回查找到的所有记录
paginate()	返回 Pagination 类的对象，用于对记录进行分页

表 5-3 中所有方法都会对原始查询对象进行过滤操作，并会生成一个新的查询对象。其中，filter()方法是基础的过滤方法，该方法可以传入包含!=和==操作符的表达式，也可以传入使用了查询操作符的表达式，常用的查询操作符包括 LIKE、IN、NOT IN、IS NULL、IS NOT NULL、AND 和 OR。

下面以表 5-3 和表 5-4 中的几个方法为例，为大家演示如何使用这些方法查询数据库 flask_data 中的记录，具体代码如下所示。

```python
# 定义路由及视图函数
@app.route("/")
def hello_flask():
    # 查询全部记录
    users = User.query.all()
    print(users)
    # 查询第一条记录
    first_user = User.query.first()
    print(first_user)
    # 返回主键值 2 对应的记录
    id_user = User.query.get(2)
    print(id_user)
    # 过滤 User.username 为"小明"的记录
    users2 = User.query.filter(User.username=="小明").first()
    print(users2)
    # 过滤 email 为"123@qq.com"的记录
    users3 = User.query.filter_by(email="123@qq.com").first()
    print(users3)
    return "OK"
```

运行程序，访问 http://127.0.0.1:5000/后浏览器页面中会显示 “OK”，这时控制台输出的查询结果如下所示。

```
[<User 1>, <User 2>, <User 3>]
<User 1>
<User 2>
<User 1>
<User 1>
```

由上述查询结果可知，程序输出了形式如 “<模型类 主键>”的内容，但这些内容无法直观地显示字段的具体信息。为了解决这个问题，我们可以在 User 类中重写__repr__()方法，在该方法中返回自定义格式的字符串，例如<模型类 字段 1,字段 2...>，修改后的 User 类的代码如下。

```
class User(db.Model):
    id = db.Column(db.Integer, primary_key=True)
    username = db.Column(db.String(80), nullable=False)
    email = db.Column(db.String(120), nullable=False)
    def __repr__(self):
        return '<User %r, %r>' % (self.username, self.email)
```

再次运行程序，访问 http://127.0.0.1:5000/后浏览器页面中会显示"OK"，这时控制台输出的查询结果如下所示。

```
[<User '小明', '123@qq.com'>, <User '小张', '456@qq.com'>, <User '小红',
'789@qq.com'>]
   <User '小明', '123@qq.com'>
   <User '小张', '456@qq.com'>
   <User '小明', '123@qq.com'>
   <User '小明', '123@qq.com'>
```

需要说明的是，在使用 PyCharm 自带的模板创建的程序中，model.py 中默认会带有 __repr__()方法。__repr__()通常只是在测试的时候用，实际开发的时候一般很少用到。

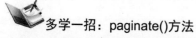

多学一招：paginate()方法

paginate()方法用于对查找的所有记录执行分页操作，该方法的声明如下所示。

```
paginate(self, page=None, per_page=None, error_out=True, max_per_page=None)
```

上述方法声明中部分参数的含义如下。

（1）page：表示查询的页数。

（2）per_page：表示每页显示信息的条数。

（3）error_out：表示是否在检测到错误时抛出异常。若该参数的值为 True，则程序遇到下列几种情况时会抛出 404 错误。

- 参数 page 的值为 1，且找不到任何条目。
- 参数 page 的值小于 1，或者参数 per_page 的值为负数。
- 参数 page 和 per_page 的值不是整数。

（4）max_per_page：表示每页显示信息的最大条数。

paginate()方法会返回表示分页器的 Pagination 类的对象，该对象中封装了当前页的所有信息和方法。为了获取当前页的信息，Pagination 类提供了一些属性和方法，分别如表 5-5 和表 5-6 所示。

表 5-5　Pagination 类的属性

属性	说明
has_next	判断是否有下一页，有则返回 True，无则返回 False
has_prev	判断是否有上一页，有则返回 True，无则返回 False
items	获取当前页的条目列表
prev_num	获取上一页的页码
next_num	获取下一页的页码
page	获取当前页的页码
pages	获取总页数
per_page	获取每页显示条目的数量
query	用于创建此分页对象的无限查询对象
total	获取条目的总数

表 5-6　Pagination 类的方法

方法	说明
iter_pages()	返回在分页导航中显示的页数列表
next()	返回下一页的分页对象
prev()	返回上一页的分页对象

5.4.3　更新数据

更新数据的方式比较简单，只需要为模型类的字段重新赋值便可以对字段原先的值进行修改，修改完成后需要调用 commit() 方法将数据提交至数据库。

例如，将数据库 flask_data 中的主键值（id 字段）为 2 的记录中字段 username 的值由"小张"修改为"小兰"，具体代码如下所示。

```
1  @app.route("/")
2  def hello_flask():
3      # 返回主键值 2 对应的记录
4      result = User.query.get(2)
5      print(result.username)
6      # 将 username 的值修改为小兰
7      result.username = "小兰"
8      db.session.commit()
9      return "OK"
10 if __name__ == "__main__":
11     app.run()
```

在上述代码中，第 2～9 行定义了视图函数 hello_flask()。其中第 4～5 行代码通过 User.query.get() 获取了主键值为 2 的记录，输出该记录中字段 username 对应的值；第 7～8 行代码重新给字段 username 赋值，并调用 commit() 方法将数据从数据库会话提交至数据库。

运行程序，访问 http://127.0.0.1:5000/ 后页面会展示"OK"，这时控制台输出的查询结果如下所示。

> 小张

刷新 Navicat 工具中 flask_data 数据库的 user 表，user 表如图 5-4 所示。

图 5-4　user 表——更新数据

由图 5-4 中的数据可知，数据表中主键值为 2 的记录中字段 username 的值已经修改成小兰。

5.4.4 删除数据

删除数据可以使用数据库会话提供的 delete()方法，删除完成后同样需要调用 commit()方法将数据提交至数据库。

例如，将数据库 flask_data 中的主键值为 3 的记录直接删除，具体代码如下所示。

```
@app.route("/")
def hello_flask():
# 返回主键值 3 对应的记录
result = User.query.get(3)
print(result)
db.session.delete(result)
db.session.commit()
    return "OK"
```

运行程序，访问 http://127.0.0.1:5000/后页面会展示"OK"，这时控制台输出的查询结果如下所示。

```
<User '小红', '789@qq.com'>
```

在 Navicat 工具中刷新 flask_data 数据库的 user 表，user 表如图 5-5 所示。

图 5-5　user 表——删除数据

由图 5-5 右侧的数据可知，数据表中已经没有了主键值为 3 的记录。

5.5 本章小结

本章围绕数据库操作的相关内容进行了讲解，重点讲解了如何使用 Flask-SQLAlchemy 操作 MySQL，包括连接数据库、定义模型、创建数据表和模型关系。希望通过学习本章的内容，读者能够使用 Flask-SQLAlchemy 熟练地操作数据库，为后续开发真实项目打好扎实的基础。

5.6 习题

一、填空题

1. 数据表的关系包括一对多关系、一对一关系和_____。

2. 若向数据库中添加多条记录可以使用＿＿＿＿＿＿方法。

3. 在定义模型类时，通过＿＿＿＿＿＿属性可以指定数据表的名称。

4. 在 Flask-SQLAlchemy 中使用＿＿＿＿＿＿方法可删除数据库中的数据。

5. 在 Flask-SQLAlchemy 中使用＿＿＿＿＿＿方法会创建一个分页器对象。

二、判断题

1. 在定义一对多关系时，一般在"多"这一侧对应的模型类中创建外键。（　　　）

2. 字段类型 DateTime 表示日期和时间。（　　　）

3. Flask-SQLAlchemy 连接数据库时，只需要指定数据库的用户名和密码。（　　　）

4. Flask 中的模型以 Python 类的形式进行定义。（　　　）

5. 删除数据可以使用数据库会话提供的 delete()方法。（　　　）

三、选择题

1. 下列选项中，关于关系数据库的描述说法错误的是（　　　）。

　　A. 关系数据库中的数据库表示数据表的集合

　　B. 关系数据库中的字段相当于表中的一行数据

　　C. 关系数据库由若干个字段组成

　　D. 关系数据库的数据表表示记录的集合

2. 下列选项中，关于非关系数据库的描述说法错误的是（　　　）。

　　A. 非关系数据库可分为列存储数据库、键值存储数据库、文档型数据库

　　B. Redis 数据库属于键值存储数据库

　　C. 非关系数据库在存储数据时需先建立相应字段

　　D. 相比关系数据库，非关系数据库没有固定的结构

3. 下列选项中，关于 Flask-SQLAlchemy 的描述说法错误的是（　　　）。

　　A. Flask-SQLAlchemy 内部集成了 SQLAlchemy

　　B. SQLAlchemy 是由 Python 实现的框架，其内部封装了 ORM 和原生数据库的操作

　　C. 安装 Flask-SQLAlchemy 扩展包时会将 SQLAlchemy 一同安装

　　D. Flask-SQLAlchemy 是 Flask 中用于操作非关系数据库的扩展包

4. 下列选项中，用于根据指定的规则过滤记录的方法是（　　　）。

　　A. filter()　　　　　B. limit()　　　　　C. offset()　　　　　D. group_by()

5. 下列选项中，用于以列表形式返回查找到的所有记录的方法是（　　　）。

　　A. all()　　　　　B. count()　　　　　C. paginate()　　　　　D. first()

四、简答题

1. 简述如何使用 Flask-SQLAlchemy 连接数据库。

2. 简述关系数据库和非关系数据库的优缺点。

第6章

智能租房——前期准备

◆ 了解智能租房项目，能够表述项目中各模块的功能

◆ 熟悉智能租房项目的开发模式与运行机制，能够表述项目的开发模式与运行机制

◆ 掌握智能租房项目的创建方式，能够独立创建智能租房项目

◆ 掌握智能租房项目的配置方式，能够使用配置信息以及为智能租房项目配置前端静态文件、模板文件

◆ 了解数据表的结构，能够表述各数据表所包含的字段

◆ 熟悉数据的导入方式，能够通过 Navicat 工具以运行 SQL 文件的方式导入数据

◆ 掌握模型的创建方式，能够根据数据表的结构创建对应的模型类

拓展阅读

通过学习前面的内容，大家应该已经对 Flask 框架的主要功能有所了解。自本章起，将带领大家递进式地开发一个完整的 Flask 项目，以构建一个智能分析租房平台——智能租房。考虑到智能租房包含的模块较多，且功能稍复杂，本章仅对智能租房项目的模块进行简单介绍，以便读者能快速搭建项目雏形，关于项目中各个模块的具体实现会在后续章节中分别讲解。

6.1 项目介绍

智能租房项目按照业务需求大体可归纳为 4 个模块，分别是首页模块、列表页模块、详情页模块和用户中心模块，每个模块均包含既定的功能。接下来，结合页面展示的效果依次对首页、列表页、详情页和用户中心这 4 个模块进行分析，以明确各模块包含哪些功能。

1. 首页模块

首页是网站的入口页面，该页面一般负责呈现网站的简要信息以及其他页面的入口内容，让互联网用户一眼便能够清楚地了解网站的用途，该页面还能引导用户浏览其他页面的内容。智能租房的首页（部分）如图 6-1 所示。

二手好房
127.0.0.1:5000
二手好房
首页
登录
二手好房
给您推荐优质房源
地区搜索
户型搜索
请输入区域、商圈或小区名开始找房
提交
当前城市: 北京 房源总数: 113318
为您为家
更多北京房源
顺义-顺义城-怡馨家园
2室1厅 - 99平方米
¥3900
密云-密云果园-绿地国际花都
2室2厅 - 87平方米
¥2500
密云-密云果园-绿地国际花都
1室1厅 - 45平方米
¥1900

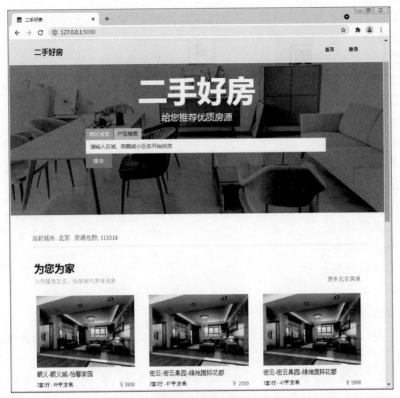

图 6-1 智能租房的首页（部分）

智能租房的首页主要有 4 个部分，分别是智能提示搜索框、房源总数、最新房源信息和热点房源信息，关于这 4 个部分的介绍如下。

（1）智能提示搜索框

智能提示搜索框位于首页上方，属于网页的标配内容，它会根据用户输入的内容实时地显示相关房源信息的提示列表，以提升用户的搜索体验。智能提示搜索框可以通过地区（包括区域、商圈或小区名称）和户型这两种搜索条件查找房源信息，默认按地区搜索。例如，在智能提示搜索框中输入“二”，此时智能提示搜索框的提示列表如图 6-2 所示。

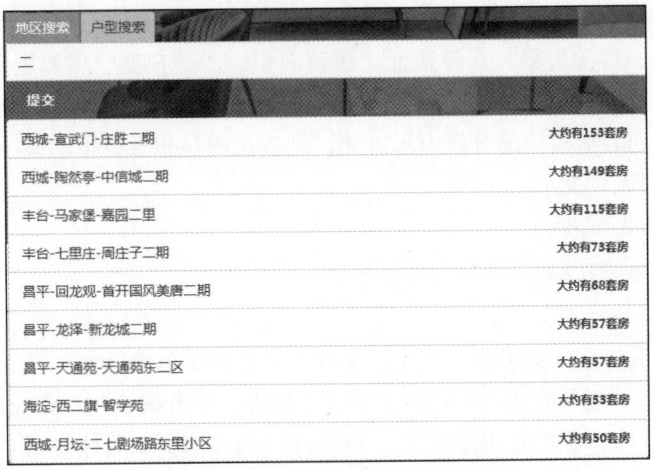

地区搜索
户型搜索
二
提交
西城-宣武门-庄胜二期
大约有153套房
西城-陶然亭-中信城二期
大约有149套房
丰台-马家堡-嘉园二里
大约有115套房
丰台-七里庄-周庄子二期
大约有73套房
昌平-回龙观-首开国风美唐二期
大约有68套房
昌平-龙泽-新龙城二期
大约有57套房
昌平-天通苑-天通苑东二区
大约有57套房
海淀-西二旗-智学苑
大约有53套房
西城-月坛-二七剧场路东里小区
大约有50套房

图 6-2 智能提示搜索框的提示列表

由图 6-2 可知，提示列表显示了 9 条符合搜索条件的小区，以及该小区包含的房源数量。

（2）房源总数

房源总数位于智能提示搜索框的下方，用于展示在租房源的总数。

（3）最新房源信息

最新房源信息位于房源总数的下方，默认会根据房源的更新时间对房源信息进行排序，并呈现排在前 6 名的房源信息。

（4）热点房源信息

热点房源信息位于最新房源信息的下方，默认会根据用户的浏览量对房源信息进行排序，并呈现排在前 4 名的房源信息。

综合上述关于首页模块的分析内容可知，首页模块包含以下功能。

- 房源总数展示。
- 最新房源数据展示。
- 热点房源数据展示。
- 智能搜索。

2. 列表页模块

列表页会呈现所有房源的简略信息，其中最新房源列表页和热点房源列表页是以分页的形式呈现的。用户在首页可通过如下 3 种方式进入列表页。

（1）从智能提示搜索框下方的提示列表中选择某个选项，单击"提交"按钮后进入搜索房源列表页，此时该页面会呈现该选项对应的所有房源信息。

（2）单击最新房源信息右上角的链接文本"更多北京房源"（以北京为例，下同）进入最新房源列表页，此时最新房源列表页会按照时间先后顺序呈现房源信息（至多 100 套房源信息）列表。

（3）单击热点房源信息右上角的链接文本"更多热点房源"进入热点房源列表页，此时热点房源列表页会按照用户浏览量呈现房源信息（至多 100 套房源信息）列表。

例如，单击图 6-1 中最新房源信息右上角的链接文本"更多北京房源"进入最新房源列表页，以查看更多的房源信息。智能租房的列表页如图 6-3 所示。

在图 6-3 所示页面中向下滑动至底部，可以看到页码指示器。由页面指示器可知，列表页共有 10 页，当前页面是第一页，该页面中一共呈现了 10 套房源信息，每套房源信息包括房源图片、房源标题、房源价格、房源地址、建筑面积、房源户型、房源朝向、交通条件和浏览量内容。

综合上述关于列表页模块的分析内容可知，列表页模块包含以下功能。

- 搜索房源列表页展示。
- 最新房源列表页展示。
- 热点房源列表页展示。

3. 详情页模块

用户在首页单击任意一套房源的图片，或者在列表页中单击任意一套房源的标题、图片、右箭头 ，可以进入详情页查看房源的详细信息。例如，单击图 6-3 中第 1 套房源信息右方的右箭头 ，进入"顺义-顺义城-怡馨家园 2 室 1 厅"的详情页，具体如图 6-4 所示。

图 6-3　智能租房的列表页

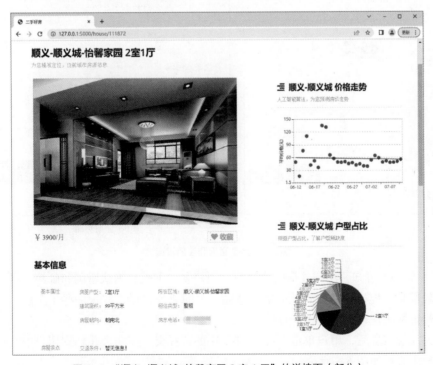

图 6-4　"顺义-顺义城-怡馨家园 2 室 1 厅"的详情页（部分）

在房源信息详情页中，左边呈现了房源的相关信息，包括图片、基本信息、房源配套设施、推荐房源；右边呈现了 4 种类型的图表，包括散点图、饼图、柱状图和折线图，通过这 4 种图表直观地描述了当前房源所属区域房源的价格走势、户型占比、小区房源数量 TOP20、户型价格走势。

综合上述关于详情页模块的分析内容可知，详情页模块包含以下功能。

- 房源数据展示。
- 户型占比可视化。
- 小区房源数量 TOP20 可视化。
- 户型价格走势可视化。
- 预测房价走势可视化。
- 智能推荐。

4. 用户中心模块

用户在详情页的右上角单击"登录"按钮，会弹出登录页面。若用户还没有账号，则单击登录页面的链接文本"点我注册"即可弹出注册页面。登录页面和注册页面分别如图 6-5（a）和图 6-5（b）所示。

（a）登录页面　　　　　　　　　　　　　　　　（b）注册页面

图 6-5　登录页面和注册页面

由图 6-5（b）可知，用户注册时需要填写用户名、密码、确认密码和邮箱。尽管注册页面相对比较简单，但实现注册功能时需要遵循一定的业务逻辑，实现一些子功能，例如校验用户名、验证两次输入密码是否一致等。

填写完注册信息后，用户单击图 6-5（b）中的"提交"按钮会跳转到用户中心页。智能租房的用户中心页如图 6-6 所示。

图 6-6　智能租房的用户中心页

由图 6-6 可知，用户可以通过单击"编辑"按钮修改账号信息，另外还可以通过单击"房源收藏"标签查看自己收藏和浏览过的房源信息。

综合上述关于用户中心模块的分析可知，用户中心模块包含以下功能。

- 用户注册。
- 用户中心页展示。
- 用户登录与退出。
- 账号信息修改。
- 收藏和取消收藏房源信息。
- 用户浏览记录管理。

到目前为止，我们已经对智能租房项目中各模块包含的功能进行了全面的介绍。不过，智能推荐功能依赖用户的浏览行为，需要结合当前用户的浏览记录推荐房源。因此，这里将智能推荐功能"挪"到用户中心模块中。

为了方便大家从整体上把控智能租房项目的架构，以及加深记忆，接下来，通过图片总结智能租房项目中各模块的功能，具体如图 6-7 所示。

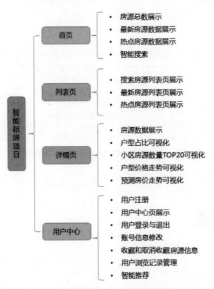

图 6-7　智能租房项目中各模块的功能

6.2　项目开发模式与运行机制

智能租房是一个涉及前端开发和后端开发的项目，在开发项目之前，我们需要明确项目的开发模式以及运行机制，以提前了解项目中会用到哪些服务和接口。下面分别为大家介绍智能租房项目的开发模式和运行机制。

1. 开发模式

智能租房项目通过 Flask 框架，采用前后端不分离的开发模式进行开发，前端用到的框架是 Bootstrap，后端用到的模板引擎为 Flask 框架自带的 Jinja2。若页面需要整体刷新，可使用 Jinja2 模板引擎进行渲染并返回页面，响应速度快，且没有延迟；若页面需要局部刷新，可使用 Bootstrap，虽然在网络状况不佳时会有延迟，但简洁、方便且流量小。

2. 运行机制

用户通过浏览器向 Web 服务器发送请求，Web 服务器会根据请求的 URL 判断当前用户请求的是静态数据还是动态数据。

若用户请求的是静态数据，如 CSS 文件、JavaScript 文件、图片文件等，由于这些静态数据全部存储在本地，所以服务器会根据 URL 到本地查找数据并返回给浏览器，浏览器再将数据呈现给用户，这个过程处理速度非常快；若用户请求的是动态数据，Flask 程序实现的动态业务逻辑为接收请求、生成动态页面并返回。

智能租房项目的动态数据由 Jinja2 模板引擎渲染，该服务由 Flask 程序提供。Flask 程序的后端提供了注册、登录、账号信息修改、收藏、取消收藏这几个业务，实现这几个业务会涉及数据存储服务。

综上所述，智能租房项目的运行机制如图 6-8 所示。

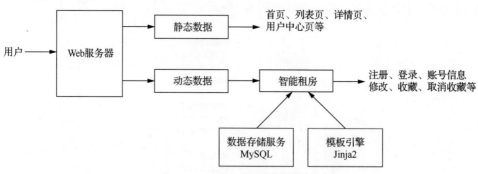

图 6-8　智能租房项目的运行机制

6.3　项目创建和配置

6.3.1　创建项目

打开 PyCharm 工具，新建一个名称为 house 的项目，并为该项目配置虚拟环境 flask_env。

为了便于组织与管理项目中的资源文件和代码文件，我们可以在 house 项目中新建若干目录和.py 文件，使项目的目录结构变得清晰。创建好的项目目录结构如图 6-9 所示。

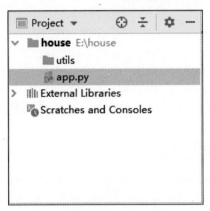

图 6-9　创建好的项目目录结构

图 6-9 中主要目录及文件的作用如下。

- house：根目录，包含所有的资源文件、代码文件和子目录。
- house /utils：子目录，用于放置第三方的工具包。
- house /app.py：文件，用于放置项目的入口代码。

6.3.2　使用配置信息

为了对智能租房项目的一些行为进行定制，比如开启调试模式，可以在该项目中使用配置信息。接下来，为大家介绍如何在 house 项目中使用配置信息，具体步骤如下。

（1）在 house 项目的根目录下新建名称为 settings 的.py 文件，在该文件中定义一个 Config 类，用于给指定的配置项赋值，具体代码如下所示。

```
class Config:
    # 开启调试模式
    DEBUG = False
```

（2）在 app.py 文件中导入 Config 类，并将 Config 类加载到应用程序实例中，具体代码如下所示。

```
from flask import Flask
from settings import Config
app = Flask(__name__)
app.config.from_object(Config)
if __name__ == '__main__':
    app.run(debug=True)
```

（3）为了检测当前项目能否正常启动开发服务器，需要在 app.py 文件中增加用于测试的视图函数，代码如下所示。

```
@app.route('/')
def test():
    return 'OK'
```

运行程序，访问 http://127.0.0.1:5000/的页面效果如图 6-10 所示。

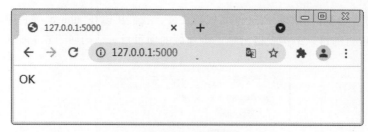

图 6-10   页面效果

由图 6-10 可知，项目成功启动了开发服务器，并且正常展示了视图函数返回的字符串。

6.3.3   配置前端静态文件

house 项目需要用到一些静态文件，如图片文件、CSS 文件、JavaScript 文件等。由于后续的项目实现侧重后端代码，所以这里使用现成的静态文件。下面分别从准备静态文件和指定静态文件加载路径两方面来介绍为项目配置静态文件，具体内容如下。

1. 准备静态文件

本项目用到的静态文件均存储在本地的 static 文件夹中，我们需要将该文件夹直接复制到 house 项目的根目录下。添加完静态文件的目录结构如图 6-11 所示。

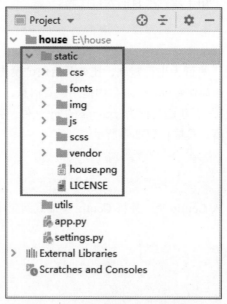

图 6-11   添加完静态文件的目录结构

2. 指定静态文件加载路径

默认情况下，Flask 程序会到根目录下的 static 目录中加载需要用到的静态文件。如果希望修改静态文件的加载路径，可以在通过 Flask()方法创建程序实例时传入 static_url_path 参数来修改静态文件的加载路径，传入 static_folder 参数来修改静态文件夹的名称。

这里，我们使用默认的静态文件加载路径，不再另行指定静态文件的加载路径。

配置完成后重启项目，在浏览器中访问 http://127.0.0.1:5000/static/img/about-bg.jpg，浏览器展示的图片如图 6-12 所示。

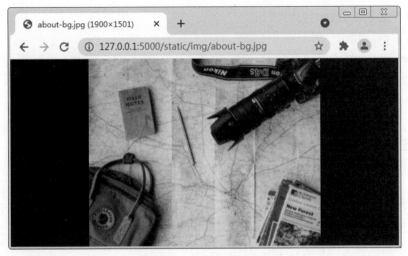

图 6-12 浏览器展示的图片

图 6-12 所示的图片与项目中 house/static/img 目录下的图片 about-bg.jpg 完全相同，说明静态文件配置成功。

6.3.4 配置模板文件

本项目中的每个模块均对应一个单独的页面，每个页面对应一个 HTML 文件。由于搜索房源列表页会展示符合搜索条件的全部房源信息，因此其也需要对应一个独立页面。下面分别从准备模板文件和指定模板文件加载路径两方面对配置模板文件的相关内容进行讲解，具体内容如下。

1. 准备模板文件

本项目用到的模板文件均存储在本地的 templates 文件夹中。我们需要将该文件夹直接复制到 house 项目的根目录下。添加完模板文件的目录结构如图 6-13 所示。

图 6-13 添加完模板文件的目录结构

图 6-13 中各模板文件的说明如下。

- detail_page.html：用于显示详情页。
- index.html：用于显示首页。
- list.html：用于显示列表页。
- search_list.html：用于显示搜索房源列表页。
- user_page.html：用于显示用户中心页。

2. 指定模板文件加载路径

默认情况下，Flask 程序会到根目录下的 templates 目录中加载需要用的模板文件。如果希望修改模板文件的加载路径，则可以在通过 Flask()方法创建程序实例时传入 template_folder 参数来修改模板文件夹的名称。这里，我们使用默认的模板文件夹名称，不再另行指定。

为了检测项目是否可以正常渲染模板文件，在 app.py 文件的 test()函数中，通过 return 关键字返回渲染的模板文件 index.html，具体代码如下所示。

```
from flask import Flask, render_template
......
@app.route('/')
def test():
    return render_template('index.html')
if __name__ == '__main__':
    app.run(debug=True)
```

重启项目，在浏览器中访问 http://127.0.0.1:5000/，浏览器会展示 index.html 的内容，说明模板文件配置成功。

6.4 数据准备

智能租房项目依托大量的房源数据、用户数据等，为了简化数据采集的任务，这里将借助从 GitHub 网站上获取的数据来实现智能租房项目。本项目拟采用 MySQL 数据库存储数据，方便后续对数据进行统一管理。接下来，本节将介绍如何为项目准备数据，包括数据表设计、导入数据、创建模型。

6.4.1 数据表设计

在智能租房项目中，首页、列表页、详情页和用户中心页或多或少都展示了房源信息，考虑到智能推荐功能依赖多个用户的浏览行为，因此，我们需要准备 3 张数据表，分别用于保存房源数据、用户数据、推荐房源数据。接下来，分别为大家讲解设计房源数据表、用户数据表和推荐房源数据表。

（1）设计房源数据表

首页、列表页、详情页和用户中心页呈现的每套房源都包含标题、户型、价格等一些数据，为此，我们可以将这些页面涉及的房源数据全部保存到房源数据表中，使多个页面共享一张数据表。房源数据表的结构如图 6-14 所示。

house_info （房源）	
id（主键）	INTEGER
title（房源标题）	VARCHAR
rooms（房源户型）	VARCHAR
area（房源面积）	VARCHAR
price（房源价格）	VARCHAR
direction（房源朝向）	VARCHAR
rent_type（租住类型）	VARCHAR
region（房源所在区）	VARCHAR
block（房源所在街道）	VARCHAR
address（房源所在小区）	VARCHAR
traffic（交通条件）	VARCHAR
publish_time（发布时间）	INTEGER
facilities（配套设施）	TEXT
highlights（房屋优势）	TEXT
matching（周边）	TEXT
travel（公交出行）	TEXT
page_views（浏览量）	INTEGER
landlord（房东姓名）	VARCHAR
phone_num（房东电话）	VARCHAR
house_num（房源编号）	VARCHAR

图 6-14　房源数据表的结构

（2）设计用户数据表

用户中心页展示了用户的基本信息，包括昵称、密码、邮箱、住址等，为此我们可以将这些信息保存到用户数据表中。用户数据表的结构如图 6-15 所示。

user_info （用户）	
id（主键）	INTEGER
name（用户昵称）	VARCHAR
password（用户密码）	VARCHAR
email（邮箱）	VARCHAR
addr（用户住址）	VARCHAR
collect_id（用户收藏房源的编号）	VARCHAR
seen_id（用户浏览记录）	VARCHAR

图 6-15　用户数据表的结构

（3）设计推荐房源数据表

向用户推荐房源需要基于这个用户的浏览历史数据，包括浏览次数、浏览过的房源数据等。推荐房源数据表的结构如图 6-16 所示。

house_recommend （推荐房源）	
id（主键）	INTEGER
user_id（用户ID）	INTEGER
house_id（房源ID）	INTEGER
title（房源标题）	VARCHAR
address（房源所在小区）	VARCHAR
block（房源所在街道）	VARCHAR
score（浏览次数）	INTEGER

图 6-16　推荐房源数据表的结构

需要说明的是，上述 3 张表是独立的，它们之间无须建立关系。

6.4.2 导入数据

由于智能租房项目涉及的数据量非常多，若仍然通过手动编写代码的方式逐条向数据库添加数据，显然是极其烦琐的。为此，我们准备了包含数据库执行语句的 house.sql 文件，可借助 Navicat 工具运行该文件来批量导入数据，具体步骤如下。

（1）由于 house.sql 文件中没有创建数据库的 SQL 语句，所以我们需要另行创建数据库。打开 Navicat 工具，在数据库列表的根目录 localhost_3306 上右击，在弹出的右键菜单中选择"新建数据库..."打开新建数据库对话框，在该窗口中填写数据库名称，选择字符集和排序规则。新建数据库对话框如图 6-17 所示。

图 6-17　新建数据库对话框

（2）在图 6-17 所示对话框中单击"确定"按钮关闭新建数据库对话框，并跳转回 Navicat 工具主界面，此时数据库列表中增加了 house 数据库。选中 house 数据库，在该数据库上方右击会弹出右键菜单，在右键菜单中选择"运行 SQL 文件..."打开运行 SQL 文件窗口，如图 6-18 所示。

图 6-18　运行 SQL 文件窗口

（3）在图 6-18 所示窗口中单击"文件"输入框后面的■按钮弹出打开窗口，在该窗口中找到 house.sql 文件。选择完 SQL 文件的窗口如图 6-19 所示。

图 6-19　选择完 SQL 文件的窗口

（4）在图 6-19 所示窗口中单击"打开"按钮会自动关闭打开窗口，跳转回运行 SQL 文件窗口，此时该窗口的"文件"输入框中自动填写了 house.sql 文件所在的路径。填写好文件路径的运行 SQL 文件窗口如图 6-20 所示。

图 6-20　填写好文件路径的运行 SQL 文件窗口

（5）在图 6-20 所示窗口中单击"开始"按钮运行 SQL 文件，此时运行 SQL 文件窗口左上角会显示运行进度，信息日志界面中会显示运行日志信息。运行完 SQL 文件的窗口如图 6-21 所示。

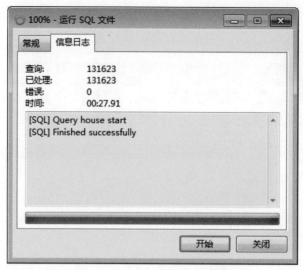

图 6-21　运行完 SQL 文件的窗口

（6）在图 6-21 所示窗口中单击"关闭"按钮关闭当前窗口，跳转回 Navicat 工具的主界面。双击 house 数据库，可以看到该数据库中新增了 3 张数据表，分别是 house_info、house_recommend 和 user_info。双击 house_info 表，在右侧的面板中可以看到该表中的全部数据。查看 house_info 表的窗口如图 6-22 所示。

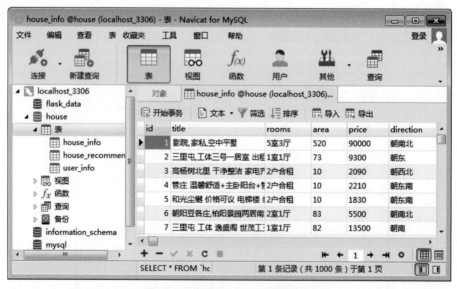

图 6-22　查看 house_info 表的窗口

（7）为了让 Flask 项目能够访问 house 数据库，我们需要编写代码让 Flask 项目连接 house 数据库。在 settings.py 文件中创建 SQLAlchemy 类的对象，指定 house 数据库的连接，修改后的代码如下所示。

```
1    from flask_sqlalchemy import SQLAlchemy
2    import pymysql
3    pymysql.install_as_MySQLdb()
4    # 创建 Flask-SQLAlchemy 的实例对象
```

```
5    db = SQLAlchemy()
6    class Config:
7        # 开启调试模式
8        DEBUG = False
9        # 指定数据库的连接地址
10       SQLALCHEMY_DATABASE_URI = 'mysql://root:123456@127.0.0.1:3306/house'
11       # 压制警告信息
12       SQLALCHEMY_TRACK_MODIFICATIONS = True
```

在上述代码中，第 2～3 行代码导入了 PyMySQL 库，并调用 install_as_MySQLdb()函数将
PyMySQL 库当作 MySQLdb 使用。之所以添加这两行代码是因为 SQLAlchemy 内部会调用
MySQLdb 库，而 Python 3.x 不支持 MySQLdb 库，它使用 PyMySQL 库替代 MySQLdb。若不
添加这两行代码，程序会报异常 ModuleNotFoundError: No module named 'MySQLdb'。

（8）在 app.py 文件中初始化数据库，代码如下所示。

```
from flask import Flask
from settings import Config, db
app = Flask(__name__)
app.config.from_object(Config)
db.init_app(app)
......
```

6.4.3 创建模型类

为了能够在 Flask 项目中访问数据库，我们需要对照数据表的结构创建模型类，利用
SQLAlchemy 的 ORM 机制将模型类与数据表建立关联。接下来，为大家演示如何对照
house_info、house_recommend 和 user_info 这 3 张数据表的结构创建模型类，具体步骤如下。

首先，在 house 项目的根目录下新建用于存放模型类的 models.py 文件，此时项目的目录
结构如图 6-23 所示。

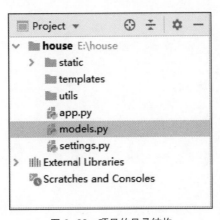

图 6-23 项目的目录结构

然后，在 models.py 文件中定义 3 个模型类，分别是 House、Recommend 和 User，依次将
它们与数据表 house_info、house_recommend 和 user_info 进行关联。

House 类的代码如下所示。

```
# house_info 表的模型类
class House(db.Model):
```

```
# 指定表名
__tablename__ = 'house_info'
# 主键
id = db.Column(db.Integer, primary_key=True)
# 房源标题
title = db.Column(db.String(100))
# 房源户型
rooms = db.Column(db.String(100))
# 房源面积
area = db.Column(db.String(100))
# 房源价格
price = db.Column(db.String(100))
# 房源朝向
direction = db.Column(db.String(100))
# 租住类型
rent_type = db.Column(db.String(100))
# 房源所在区
region = db.Column(db.String(100))
# 房源所在街道
block = db.Column(db.String(100))
# 房源所在小区
address = db.Column(db.String(100))
# 交通条件
traffic = db.Column(db.String(100))
# 发布时间
publish_time = db.Column(db.Integer)
# 配套设施
facilities = db.Column(db.TEXT)
# 房屋优势
highlights = db.Column(db.TEXT)
# 周边
matching = db.Column(db.TEXT)
# 公交出行
travel = db.Column(db.TEXT)
# 浏览量
page_views = db.Column(db.Integer)
# 房东姓名
landlord = db.Column(db.String(100))
# 房东电话
phone_num = db.Column(db.String(100))
# 房源编号
house_num = db.Column(db.String(100))
# 重写__repr__方法，方便查看对象的输出内容
def __repr__(self):
    return 'House: %s, %s' % (self.address, self.id)
```

Recommend 类的代码如下所示。

```
# house_recommend 表的模型类
class Recommend(db.Model):
```

```
    # 指定表名
    __tablename__ = 'house_recommend'
    # 主键
    id = db.Column(db.Integer, primary_key=True)
    # 用户 ID
    user_id = db.Column(db.Integer)
    # 房源 ID
    house_id = db.Column(db.Integer)
    # 房源标题
    title = db.Column(db.String(100))
    # 房源所在小区
    address = db.Column(db.String(100))
    # 房源所在街道
    block = db.Column(db.String(100))
    # 浏览次数
    score = db.Column(db.Integer)
```

User 类的代码如下所示。

```
# user_info 表的模型类
class User(db.Model):
    # 指定表名
    __tablename__ = 'user_info'
    # 主键
    id = db.Column(db.Integer, primary_key=True)
    # 用户昵称
    name = db.Column(db.String(100))
    # 用户密码
    password = db.Column(db.String(100))
    # 邮箱
    email = db.Column(db.String(100))
    # 用户住址
    addr = db.Column(db.String(100))
    # 用户收藏房源的编号
    collect_id = db.Column(db.String(250))
    # 用户浏览记录
    seen_id = db.Column(db.String(250))
    # 重写__repr__方法，方便查看对象的输出内容
    def __repr__(self):
        return 'User: %s, %s' % (self.name, self.id)
```

由于上述几个模型类中使用了数据库对象 db，所以需要在 models.py 文件的开头导入 db，具体代码如下所示。

```
from settings import db
```

最后，为了保证在 house 项目中可以正常操作数据表，这里通过访问一张数据表的记录进行验证。打开 app.py 文件，在该文件中导入 House 类，并在视图函数 test()中查询 house_info 表的第一条记录，如下述代码加粗部分所示。

```
from flask import Flask
from settings import Config, db
from models import House
```

```
app = Flask(__name__)
app.config.from_object(Config)
db.init_app(app)
@app.route('/')
def test():
    # 查询第一条记录
    first_user = House.query.first()
    print(first_user)
    return 'OK'
if __name__ == '__main__':
    app.run(debug=True)
```

运行代码，访问 http://127.0.0.1:5000/后浏览器页面会显示"OK"，控制台会输出如下内容：

```
House: 朝阳-朝阳公园-观湖国际, 1
```

对比上述输出结果和 house_info 表可知，house 项目成功地查询到了数据表的数据。

需要注意的是，为了避免测试代码干扰项目，我们在测试完成后需要将所有的测试代码进行注释或者删除。

6.5 本章小结

本章围绕智能租房项目的前期准备工作进行了介绍，首先介绍了智能租房项目的核心模块，并对各模块包含的功能进行了归纳；然后介绍了项目的开发模式与运行机制；最后介绍了创建项目所需要配置的内容，以及数据准备。希望通过学习本章的内容，读者能够明确智能租房项目中核心模块的功能，并能搭建开发环境，为开发项目做好准备。

6.6 习题

简答题

1. 简述智能租房项目包含哪些模块以及各模块的主要功能。
2. 简述智能租房项目的开发模式与运行机制。
3. 简述如何为智能租房项目添加配置信息。

第 7 章

智能租房——首页

学习目标

◆ 掌握房源总数展示功能，能够实现将统计的房源总数在首页中展示

◆ 掌握最新房源数据展示功能，能够实现将查询的最新房源数据在首页中展示

◆ 掌握热点房源数据展示功能，能够实现将查询的热点房源数据在首页中展示

◆ 了解智能提示搜索框的功能，能够表述智能提示搜索框的功能逻辑

◆ 熟悉智能提示搜索框的前端逻辑，能够归纳用户输入和选择的数据如何传递到后端

◆ 掌握智能提示搜索框的后端逻辑，能够实现根据输入的数据返回相应房源信息的功能

为方便用户快速、便捷地找到心仪的房源，智能租房项目的首页提供了房源总数展示、最新房源数据展示、热点房源数据展示和智能搜索这几个功能，其中智能搜索功能可以帮助用户按地区和户型筛选出符合条件的房源。本章将对房源总数展示、最新房源数据展示、热点房源数据展示和智能搜索的相关内容进行介绍。

拓展阅读

7.1 房源总数展示

在智能租房网站中，首页的智能提示搜索框下方展示了当前城市的房源总数，如图 7-1 所示。

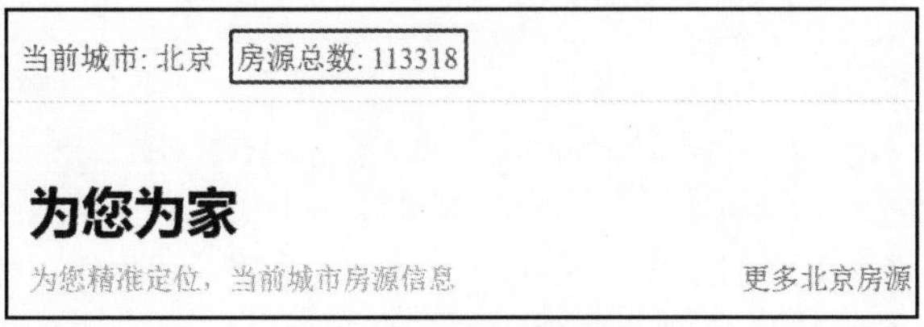

当前城市: 北京　房源总数: 113318

为您为家

为您精准定位，当前城市房源信息　　　　　　　　　　　更多北京房源

图 7-1　房源总数展示

从图 7-1 中可以看出，北京市的房源总数为 113318。接下来，从功能说明、接口设计、后端实现和渲染模板 4 个方面来介绍实现房源总数展示的功能。

1. 功能说明

首页展示的房源总数其实是由数据库中房源数据表中保存的数据决定的，房源数据表中有多少条记录就相当于总共有多少套房源。房源总数展示功能的逻辑比较简单，从数据库中查询房源数据表的总数，然后将查询结果返回至后端，再由后端将其渲染到首页对应的模板文件中即可。房源总数展示功能的实现流程如图 7-2 所示。

图 7-2　房源总数展示功能的实现流程

2. 接口设计

在设计房源总数接口时，需要明确请求页面、请求方式、请求地址以及返回数据。请求页面指浏览器发送请求要加载的页面，请求方式指浏览器向智能租房服务器发送请求或者提交资源时使用的方式，请求地址指用户在浏览器中输入的 URL，返回数据指智能租房服务器接收请求后返回的响应结果。

由于用户只需要请求首页的房源数据，所以请求页面是 index.html，请求方式为 GET，返回数据是房源的总数，首页的请求地址可以直接指定为 "/"。房源总数接口如表 7-1 所示。

表 7-1　房源总数接口

接口选项	说明
请求页面	index.html
请求方式	GET
请求地址	/
返回数据	数字，表示查询的房源总数，如 33980

3. 后端实现

为了方便项目后期的维护，这里将关于首页模块的视图函数全部放在一个蓝图中。在 house 项目的根目录下新建文件 index_page.py，在该文件中创建蓝图，并结合表 7-1 的内容定义视图函数，具体代码如下所示。

```
1   from flask import Blueprint, render_template
2   from models import House
3   # 创建蓝图，蓝图的名称为包的名称，即 index_page
4   index_page = Blueprint('index_page', __name__)
5   @index_page.route('/')
6   def index():
7       house_total_num = House.query.count()   # 获取房源总数
8       return render_template('index.html', num=house_total_num)
```

上述代码中，第 6～8 行代码定义了一个视图函数 index()，在该函数中首先通过 House.query 的 count()方法统计了房源总数，然后通过 render_template()函数将房源总数渲染到 index.html 文件的相应位置。

蓝图定义完之后还需要将其注册到程序实例中。在 house 项目的 app.py 文件中，将刚刚创建的蓝图 index_page 注册到 app 中，具体代码如下。

```
from index_page import index_page
app.register_blueprint(index_page, url_prefix='/')   # 注册蓝图 index_page
```

4. 渲染模板

为了能够在首页上显示房源总数，使房源总数随着房源数据表中数据量的变化而变化，这里我们需要将获取的房源总数插入模板文件的指定位置。在 index.html 文件中，查询 class属性值为 area-info 的<div>标签，在该标签下找到房源总数对应的<span>标签，并将<span>标签的内容替换为{{ num }}，具体代码如下所示。

```html
<div class="area-info">
    <span style="color:#2980b9">当前城市:</span>
    <span style="color:#e74c3c">北京</span>
     
    <span style="color:#2980b9">房源总数:</span>
    <span style="color:#e74c3c">{{ num }}</span>
</div>
```

重启开发服务器，通过浏览器访问 http://127.0.0.1:5000/后，可以在首页的智能提示搜索框下方看到显示的房源总数。

7.2　最新房源数据展示

在智能租房网站中，首页房源总数下方会展示最新房源数据，如图 7-3 所示。

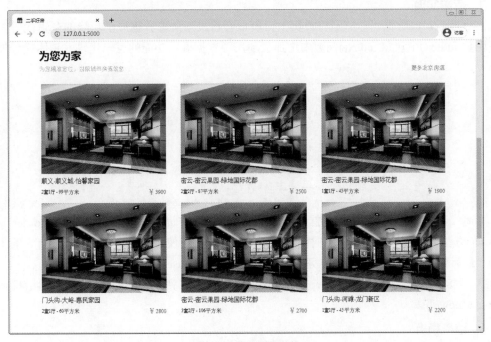

图 7-3　最新房源数据

从图 7-3 中可以看出，首页总共展示了 6 套最新发布的房源，每套房源包括房源图片、房源所在小区、房源户型、房源面积和房源价格等一些信息。接下来，从功能说明、接口设计、后端实现和渲染模板 4 个方面来介绍实现最新房源数据展示的功能。

1. 功能说明

最新房源数据是指最近新添加的房源数据，也就是发布时间较晚的数据。若希望在首页中展示最新的房源数据，需要从数据库中查询发布时间较晚的 6 条房源数据，之后将查询结果返回至后端，由后端将其渲染到模板文件中即可。

2. 接口设计

从前文可知，最新房源数据同样在智能租房的首页进行展示，因此请求页面仍然为 index.html，请求地址为 “/”；由于最新房源数据展示功能的后端逻辑只涉及数据获取，不涉及数据提交，所以请求方式为 GET；返回的数据为房源对象列表。最新房源数据接口如表 7-2 所示。

表 7-2　最新房源数据接口

接口选项	说明
请求页面	index.html
请求方式	GET
请求地址	/
返回数据	房源对象列表

值得一提的是，因为智能租房网站中的房源图片均使用同一张图片，所以最新房源数据接口的返回数据中无须包含图片名称。

3. 后端实现

因为最新房源数据仍然显示在首页上，所以会将最新房源数据展示功能的逻辑代码写到视图函数 index()中。在 index()函数中增加最新房源数据展示功能的逻辑代码，具体代码如下所示。

```
1  @index_page.route('/')
2  def index():
3      house_total_num = House.query.count()  # 获取房源总数
4      # 获取前 6 条房源数据
5      house_new_list = House.query.order_by(
6                          House.publish_time.desc()).limit(6).all()
7      return render_template('index.html', num=house_total_num,
8                          house_new_list=house_new_list)
```

上述代码中，第 5～6 行代码首先通过 House.query 查询房源数据，然后使用 order_by()和 desc()方法将房源数据按照发布时间进行降序排序，接着使用 limit()方法获取了前 6 条房源数据，最后使用 all()方法将获取的房源数据转换为列表 house_new_list。

第 7～8 行代码调用 render_template()函数渲染模板，将列表 house_new_list 传递给模板变量 house_new_list。

4. 渲染模板

为了能够将最新房源数据渲染到首页，这里我们需要将模板变量 house_new_list 插入模板文件的指定位置。在 index.html 文件中，查询 class 属性值为 col-lg-4 的所有<div>标签，保留第一个<div>标签并删除其他<div>标签，在保留的<div>标签外部使用循环结构遍历

house_new_list 取出每条房源数据，依次将指定标签的内容替换为相应的模板变量，具体代码如下所示。

```
{% for house in house_new_list %}
<div class="col-lg-4">
    <div class="course">
        <div>
            <a href="/house/{{ house.id }}"><img class='img-fluid img-box'
                src="/static/img/house-bg1.jpg"alt=""></a>
        </div>
         <div class="course-info">
                <span>{{ house.address }}</span>
        </div>
        <div class="course-info1">
                <span>{{ house.rooms }} - {{ house.area }}平方米</span>
                <span class="price float-right">￥ {{ house.price }}</span>
            </div>
    </div>
</div>
{% endfor %}
```

重启开发服务器，通过浏览器访问智能租房首页，便可以在页面中房源总数下方看到 6 套最新房源。

7.3　热点房源数据展示

在智能租房网站中，首页最新房源数据下方会为用户展示热点房源数据，如图 7-4 所示。

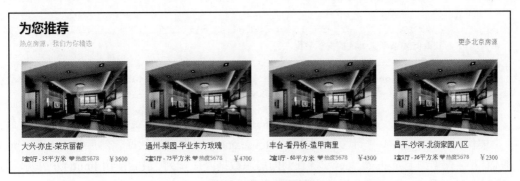

图 7-4　热点房源数据

从图 7-4 中可以看出，首页总共展示了 4 套热点房源，每套房源包括房源图片、房源所在小区、房源户型、房源面积、房源热度和房源价格等一些信息。接下来，从功能说明、接口设计、后端实现和渲染模板 4 个方面来介绍实现热点房源数据展示的功能。

1．功能说明

热点房源数据是指浏览量较高的部分数据。热点房源数据展示功能与最新房源数据展示功能类似，不同的是，热点房源数据展示功能用到的房源数据是根据房源的浏览量筛选出来的，而最新房源数据展示功能用到的房源数据是根据房源的发布时间筛选出来的。

若希望在首页中展示热点房源数据，需要从数据库中查询浏览量较高的前 4 条房源数据，之后将查询结果返回至后端，由后端将其渲染到模板文件中即可。

2. 接口设计

从前文的功能说明可知，热点房源数据同样在智能租房的首页进行展示，因此请求页面仍然为 index.html，请求地址为 "/"；由于热点房源数据展示功能的后端逻辑只涉及获取房源数据，所以请求方式为 GET；返回的数据为房源对象列表。热点房源数据接口如表 7-3 所示。

表 7-3 热点房源数据接口

接口选项	说明
请求页面	index.html
请求方式	GET
请求地址	/
返回数据	房源对象列表

3. 后端实现

热点房源数据展示功能的后端逻辑：首先从数据库中查询所有的房源数据，并按照浏览量进行降序排列，然后取出前 4 条房源数据并将其渲染到模板文件中。因为热点房源数据仍然显示在首页上，所以会将热点房源数据展示功能的逻辑代码写到视图函数 index()中。在 index()函数中增加热点房源数据展示功能的逻辑代码，具体代码如下所示。

```
1   @index_page.route('/')
2   def index():
3       # 获取房源总数
4       house_total_num = House.query.count()
5       # 获取前 6 条新发布的房源数据
6       house_new_list = \
7           House.query.order_by(House.publish_time.desc()).limit(6).all()
8       # 获取前 4 条浏览量高的房源数据
9       house_hot_list = \
10          House.query.order_by(House.page_views.desc()).limit(4).all()
11      return render_template('index.html', num=house_total_num,
12                             house_new_list=house_new_list,
13                             house_hot_list=house_hot_list)
```

上述代码中，第 9~10 行代码首先通过 House.query 查询房源数据，然后使用 order_by() 和 desc()方法根据浏览量 page_views 将查询的房源数据降序排列，最后使用 limit()方法获取前 4 条数据，并使用 all()方法将获取的房源数据转换为列表 house_hot_list。

第 11~13 行代码调用 render_template()函数渲染模板，将列表 house_hot_list 传递给模板变量 house_hot_list。

4. 渲染模板

在 index.html 文件中，查询 class 属性值为 col-lg-3 的<div>标签，保留第一个标签并删除其他标签，在保留的标签外部使用循环结构遍历 house_hot_list 取出的每条房源数据，依次将指定标签的内容替换为指定的模板变量，具体代码如下所示。

```
{% for house in house_hot_list %}
<div class="col-lg-3">
```

```
<div class="course">
    <div>
        <a href="/house/{{ house.id }}"><img class='img-fluid img-box'
            src="/static/img/house-bg1.jpg" alt=""></a>
    </div>
    <div class="course-info">
        <span>{{ house.address }}</span>
    </div>
    <div class="course-info1">
        <span>{{ house.rooms }} - {{ house.area }}平方米</span>
        <span style="color: #3498db">  <i class="fa fa-heart"
        aria-hidden="true">  热度{{ house.page_views }}</i></span>
        <span class="price float-right">¥{{ house.price }}</span>
    </div>
</div>
</div>
{% endfor %}
```

重启开发服务器，访问智能租房首页，便可以在页面中最新房源数据下方看到 4 条热点房源的信息。

7.4 智能搜索

智能租房首页提供了一个智能提示搜索框，该搜索框可以根据用户输入的关键字自动提示需要补全的完整内容，方便用户查询，以实现智能搜索功能。接下来，本节将带领大家一起实现智能搜索功能。

7.4.1 智能搜索功能说明

在智能租房网站中，首页上方展示了一个智能提示搜索框，具体如图 7-5 所示。

图 7-5 智能提示搜索框

从图 7-5 中可以看出，智能提示搜索框由 3 个部分构成，分别是搜索选项、输入框和"提交"按钮，其中搜索选项位于上方，包括地区搜索和户型搜索，默认选中地区搜索。接下来，分别对地区搜索和户型搜索进行介绍。

1. 地区搜索

地区搜索是根据房源所在区域、商圈或小区进行搜索，用户在输入框中输入的查询信息可以是区域、商圈或小区名。例如，在图 7-5 所示的输入框中输入"昌平"，此时输入框下方会显示包含"昌平"字眼的提示列表，如图 7-6 所示。

地区搜索	户型搜索	
昌平		提交
昌平-立水桥-北京北	大约有241套房	
昌平-回龙观-领秀慧谷	大约有215套房	
昌平-沙河-巩华家园	大约有167套房	
昌平-立水桥-合立方	大约有155套房	
昌平-北七家-北京城建·畅悦居	大约有145套房	
昌平-沙河-白各庄新村	大约有132套房	
昌平-龙泽-融泽嘉园	大约有123套房	
昌平-昌平县城-金隅万科城	大约有123套房	
昌平-回龙观-珠江摩尔公元	大约有120套房	

图 7-6　包含"昌平"字眼的提示列表

从图 7-6 中可以看出，提示列表罗列了与查询信息"昌平"相关的最多 9 条房源信息，每条房源信息包括房源地址和当前地址包含房源的总数。用户可以根据需要在提示列表中选中某条房源信息，这时这条信息将显示到输入框中，单击提交按钮便可以进入搜索房源列表页查看相应的房源信息。

当用户在输入框中输入的查询信息未能在数据库的房源数据中查到时，首页顶部会以弹窗形式告知用户未找到相关信息。未找到相关房源信息的弹窗如图 7-7 所示。

图 7-7　未找到相关房源信息的弹窗

2. 户型搜索

户型搜索是根据房源的户型进行搜索，用户在输入框输入的查询信息可以是"×室""×厅"或"×室×厅"。例如，将图 7-5 中的搜索选项切换成户型搜索，之后在输入框中输入"1室"，此时输入框下方会显示包含"1 室"字眼的提示列表，如图 7-8 所示。

从图 7-8 中可以看出，提示列表罗列了与查询信息"1 室"相关的 3 条房源信息，每条房源信息包括房源户型和该户型对应房源的总数。

值得一提的是，智能提示搜索框除了支持中文搜索外，也支持英文搜索。

图 7-8　包含"1室"字眼的提示列表

7.4.2　前端逻辑说明

智能租房项目已经实现了智能搜索功能的前端逻辑，前端逻辑代码均位于 index.html 文件中。为了让大家能够全面地理解智能搜索功能的完整业务逻辑，我们会对智能搜索功能的前端逻辑进行简单介绍。接下来，从定义智能提示搜索框、选择搜索选项、监听输入框状态和查询关键字几个方面对智能搜索功能的前端逻辑代码进行介绍。

1. 定义智能提示搜索框

智能提示搜索框由搜索选项、输入框和"提交"按钮组成，其中搜索选项由<ul>标签定义；输入框和"提交"按钮由<form>标签定义。

搜索选项的代码如下所示。

```
<ul class="nav nav-tabs my-nav-tab" style="margin:15px 0 0 0">
    <li class="chanle1 active"><span>地区搜索</span></li>
    <li class="chanle2"><span>户型搜索</span></li>
</ul>
```

上述代码中，定义了两个<li>标签，其 class 属性值分别为 chanle1 active 和 chanle2，其中 active 用于渲染搜索选项的背景颜色以及从 JavaScript 文件中获取标签的状态。

输入框和"提交"按钮的代码如下所示。

```
<form class="form-inline" role="form" id="my-form" action="/query">
    <div class="form-group">
        <label class="sr-only" for="txt">名称</label>
        <input type="text" class="form-control" id="txt" name='addr'
                placeholder="请输入区域、商圈或小区名开始找房">
    </div>
    <button type="submit" class="my-btn btn btn-info" id="btn">提交</button>
    <ul id="list" class="list-group"></ul>
</form>
```

上述代码通过<form>标签定义了一个表单，该表单中包含<input>、<button>和<ul>等子标签。<form>标签的 action 属性值为/query，用于向/query 发送表单数据；<input>标签的 name 属性值为 addr，用于指定发送 AJAX 请求时携带的参数，表示使用地区搜索；<button>标签定义了一个提交按钮；<ul>标签以列表的形式展示了提示列表。

2. 选择搜索选项

当用户选择地区搜索或户型搜索选项后，在首页中可以看到选中的搜索选项对应的背景颜色由灰色变为蓝色，输入框的提示信息也会跟着发生变化。

选择搜索选项是通过监听用户单击事件完成的，当触发单击事件后会执行 3 个操作，分别是给选中搜索选项的标签添加一个类名 active、给<input>标签添加 name 属性、修改<input>

标签的 placeholder 属性值。选择搜索选项的代码如下所示。

```
// 由户型搜索切换至地区搜索或者重复单击地区搜索
$(".chanle1").on('click', function () {
    // 用于地区搜索重复单击的初始化
    if ($('.chanle1').hasClass('active')) {
        $(".chanle1").removeClass('active');
        $("#txt").attr('name', '');
        $('#txt').attr('placeholder', '')
    }
    // 移除户型搜索的样式
    $(".chanle2").removeClass('active');
    // 重新设置选中字段和<input>标签的属性
    $(".chanle1").addClass('active');
    $("#txt").attr('name', 'addr');
    $('#txt').attr('placeholder', '请输入区域、商圈或小区名开始找房');
});
// 由地区搜索切换至户型搜索或者重复单击户型搜索
$(".chanle2").on('click', function () {
    // 用于户型搜索重复单击的初始化
    if ($('.chanle2').hasClass('active')) {
        $(".chanle2").removeClass('active');
        $("#txt").attr('name', '');
        $('#txt').attr('placeholder', '')
    }
    // 移除地区搜索的样式
    $(".chanle1").removeClass('active');
    // 重新设置选中字段和<input>标签的属性
    $(".chanle2").addClass('active');
    $("#txt").attr('name', 'rooms');
    $('#txt').attr('placeholder', '请输入户型开始找房，例如:1室1厅');
});
```

3. 监听输入框状态

监听输入框状态用于判断用户输入的是中文内容还是英文内容。当用户在输入框中输入汉语拼音时，则锁住输入框不进行搜索，直到汉语拼音转换成汉字后再获取输入的内容进行搜索；当用户在输入框中输入英文字母时，直接获取输入的内容进行搜索。监听输入框状态的逻辑如图 7-9 所示。

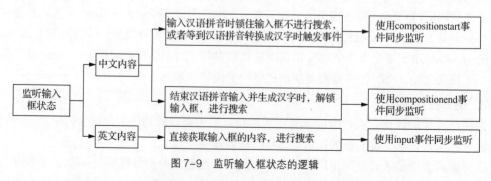

图 7-9　监听输入框状态的逻辑

从图 7-9 中可以看出，当输入框状态为中文输入法状态时需要使用 compositionstart 事件和 compositionend 事件同步监听，其中 compositionstart 事件会在中文输入法状态下开始输入时触发，compositionend 事件会在中文输入法状态下中文输入完成时触发；当输入框状态为英文输入法状态时使用 input 事件同步监听。

接下来，监听输入框状态的代码如下所示。

```javascript
var oTxt = document.getElementById('txt');  // 输入框
var oBtn = document.getElementById('btn');  // "提交"按钮
var oList = document.getElementById('list');// 提示列表
// 设置锁，true 表示锁住输入框，false 表示解锁输入框
var cpLock = false;
// 中文搜索，监听 compositionstart 事件，如果触发该事件，就锁住输入框
$('#txt').on('compositionstart', function () {
    cpLock = true;
});
// 中文搜索，监听 compositionend 事件，如果触发该事件，就解锁输入框
$('#txt').on('compositionend', function () {
    cpLock = false;
    var keyWord = oTxt.value;
    var resultList = searchByIndexOf(keyWord);
});
// 英文搜索，监听 input 事件，用于处理英文字母搜索
$('#txt').on('input', function () {
    if (!cpLock) {
        var keyWord = oTxt.value;
        var resultList = searchByIndexOf(keyWord);
}});
```

4. 查询关键字

前端获取了关键字后需要向后端发送请求，用于从数据库中查询匹配关键字的内容，并获取查询后的结果。查询关键字的逻辑如图 7-10 所示。

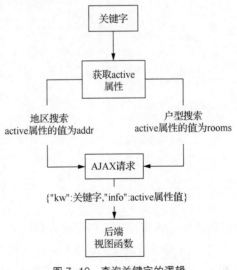

图 7-10 查询关键字的逻辑

从图 7-10 中可以看出，前端获取关键字后，首先需要获取当前选中搜索选项对应字段的

active 属性：若选中的搜索选项为地区搜索，则 active 属性的值为 addr；若选中的搜索选项为户型搜索，则 active 属性的值为 rooms。然后向后端发送一个 AJAX 请求，并将关键字和 active 属性值作为请求参数一同传递，后端接收到请求后便会到数据库中进行查询。

查询关键字的代码如下所示。

```
1   function searchByIndexOf(keyWord) {
2       $(".my-nav-tab li").each(function (index, element) {
3           if ($(this).hasClass("active")) {
4               var info = $(this).text();
5               data = {"kw": keyWord, "info": info};
6               $.AJAX({
7                   url: "/search/keyword/",
8                   type: 'post',
9                   dataType: 'json',
10                  data: data,
11                  success: function (data) {
12                      if (data['code'] == 0) {
13                          warning_str = '未找到关于' + keyWord + '的房屋信息！';
14                           alert(warning_str)
15                      }
16                      if (data['code'] == 1) {
17                          list = data['info'];
18                          console.log('search', list);
19                          oList.innerHTML = '';
20                          var item = null;
21                          for (var i = 0; i < 9; i++) {
22                              item = document.createElement('li');
23                              item.setAttribute("class",
24                                                      "list-group-item li_style");
25                              item.setAttribute("title", list[i]['t_name']);
26                              li_text = list[i]['t_name'] +
27                                              '<span class="badge float-right">大约有'
28                                              + list[i]['num'] + '套房</span>';
29                              console.log(li_text);
30                              item.innerHTML = li_text;
31                              oList.appendChild(item);
32                              info_to_txt();
33                          }
34                          return list;
35                      }
36                  }
37              });
38          }
39      });
40  }
```

在上述代码中，第 2 行代码遍历了地区搜索和户型搜索对应的<li>标签；第 3～38 行代码处理了<li>标签的 class 属性值包含 active 的情况。其中第 4 行代码获取了<li>标签的内容；第 5 行代码将关键字 keyWord 和 active 属性值"组装"成一个 JSON 格式的字符串；第 6～36 行代码调用 AJAX()方法发送了一个 AJAX 请求，请求的地址为/search/keyword/，请求方式为

POST，请求数据类型为 JSON 数据。

第 11～35 行代码处理请求成功的情况。其中第 12～15 行代码处理了根据关键字未搜索到房源数据的情况，即弹出未找到房源信息的警告框；16～34 行代码处理了根据关键字搜索到房源数据的情况，并返回包含房源数据的列表。

7.4.3　后端逻辑实现

智能搜索功能的前端代码实现了将用户选择的搜索选项和搜索关键字的信息发送到后端，当后端接收到前端发送的请求后，便会根据搜索关键字到数据库中查询相关的房源数据。

根据 7.4.2 小节的介绍可知，前端请求的请求方式为 POST，请求地址为/search/keyword/，请求参数为{'kw':'×××','info':'地区搜索'}或{'kw':'×××','info':'户型搜索'}，返回的数据为 JSON 数据。后端代码也需要定义与前端相同的请求，智能搜索接口如表 7-4 所示。

表 7-4　智能搜索接口

接口选项	说明
请求方式	POST
请求地址	/search/keyword/
请求参数	{'kw':'×××','info':'地区搜索'}或{'kw':'×××','info':'户型搜索'}
返回数据	JSON 数据

如表 7-4 所示，智能搜索接口返回的数据是 JSON 数据，示例代码如下所示。

```
{
    "code": 1,
    "info": [
        {
            "t_name": "朝阳-朝阳公园-观湖国际",
            "num": 100
        },
        ......
    ]
}
```

在上述代码中，code 表示查询成功标志位，支持两种取值即 0 和 1，其中 0 代表查询失败，1 代表查询成功。info 表示查询到的房源数据，info 数组中包含零个或若干个 JSON 对象，每个 JSON 对象包含两个键值对，其中键 t_name 表示查询到的房源所在小区，类型为字符串；键 num 表示房源总套数，类型为整数。

在 index_page.py 文件中定义视图函数 search_kw()，用于获取用户在输入框中输入的关键字和用户选择的搜索选项，根据关键字查询对应的房源数据，并将查询到的房源数据按照指定的 JSON 格式进行返回。视图函数 search_kw()的具体代码如下所示。

```
1   from flask import Blueprint, render_template, request, jsonify
2   from sqlalchemy import func
3   @index_page.route('/search/keyword/', methods=['POST'])
4   def search_kw():
```

```
5        kw = request.form['kw']   # 获取搜索关键字
6        info = request.form['info']   # 获取用户选择的搜索选项
7        if info == '地区搜索':
8            # 获取查询的结果
9            house_data = House.query.with_entities(
10               House.address, func.count()).filter(House.address.contains(kw))
11           # 对查询的结果进行分组、排序，并获取最多 9 条房源数据
12           result = house_data.group_by('address').order_by(
13               func.count().desc()).limit(9).all()
14           if len(result):   # 有查询结果
15               data = []
16               for i in result:
17                   # 将查询到的房源数据添加到 data 列表中
18                   data.append({'t_name': i[0], 'num': i[1]})
19               return jsonify({'code': 1, 'info': data})
20           else:   # 没有查询结果
21               return jsonify({'code': 0, 'info': []})
22       if info == '户型搜索':
23           house_data = House.query.with_entities(
24               House.rooms, func.count()).filter(House.rooms.contains(kw))
25           result = house_data.group_by('rooms').order_by(
26               func.count().desc()).limit(9).all()
27           if len(result):
28               data = []
29               for i in result:
30                   data.append({'t_name': i[0], 'num': i[1]})
31               return jsonify({'code': 1, 'info': data})
32           else:
33               return jsonify({'code': 0, 'info': []})
```

上述代码中，第 1 行代码导入了 request 对象和 jsonify()函数；第 7～21 行代码处理了搜索选项为地区搜索的情况，首先根据房源地址到数据库查询包含关键字的房源数据，然后对这些房源数据进行分组、排序，并获取最多 9 条房源数据，最后分别处理了有无查询结果这两种情况，并对不同的查询结果按照返回数据的格式构建 JSON 数据。

第 22～33 行代码处理了搜索选项为户型搜索的情况，户型搜索的实现逻辑与地区搜索的实现逻辑相似，区别是查询条件和分组依据不同。

重启开发服务器，访问智能租房首页，在首页的输入框中输入关键字，便可以在输入框下方看到提示列表中显示的房源地址和房源数量。

7.5　本章小结

本章围绕智能租房项目首页模块的功能进行了介绍，包括房源总数展示、最新房源数据展示、热点房源数据展示和智能搜索。希望通过学习本章的内容，读者能够理解前端与后端的交互过程，并能熟练地应用蓝图和视图函数。

7.6　习题

简答题

1. 简述房源总数展示的实现逻辑。
2. 简述最新房源数据展示的实现逻辑。
3. 简述热点房源数据展示的实现逻辑。
4. 简述智能搜索的实现逻辑。

第 **8** 章

智能租房——列表页

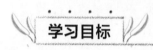

◆ 掌握搜索房源列表页展示功能的逻辑，能够实现在列表中展示符合搜索条件的房源数据

◆ 掌握最新房源列表页展示功能的逻辑，能够运用分页插件以分页形式展示最新房源数据

◆ 掌握热点房源列表页展示功能的逻辑，能够运用分页插件以分页形式展示热点房源数据

拓展阅读

为了向用户展示更多的房源信息，智能租房项目允许用户通过首页的智能提示搜索框进行搜索，或者单击链接文本"更多北京房源"或"更多热点房源"进入列表页，查看更多符合搜索条件、最新或热点的房源信息。列表页模块包含 3 个功能，分别是搜索房源列表页展示、最新房源列表页展示、热点房源列表页展示，本章将对这 3 个功能进行介绍。

8.1 搜索房源列表页展示

搜索房源列表页展示功能主要根据用户输入的搜索条件在页面上呈现相应的房源信息。本节从功能说明、接口设计、后端实现和前端实现这几个方面对搜索房源列表页展示功能的相关内容进行详细讲解。

8.1.1 搜索房源列表页的功能说明

当用户在智能租房首页的智能提示搜索框中输入关键字后，可以在输入框下方看到提示列表，该列表中至多有 9 个包含关键字的检索项。在提示列表中单击某个检索项，会将选中的检索项填写到输入框中。若用户选择地区搜索，则输入框中填入的内容为房源地址；若用户选择户型搜索，则输入框中填入的内容为户型说明。

此时单击输入框右方的"提交"按钮或按 Enter 键，会跳转到搜索房源列表页，搜索房源列表页中会展示符合搜索条件的全部房源信息。例如，搜索地址为"昌平-立水桥-北京北"的全部房源信息，具体如图 8-1 所示。

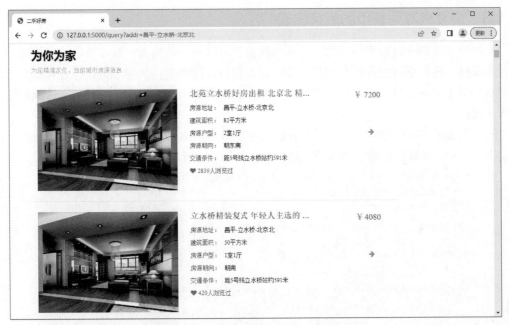

图 8-1 "昌平-立水桥-北京北"的房源信息

从图 8-1 中可以看出,所有房源的地址均为"昌平-立水桥-北京北",同时每套房源信息还包括房源图片、房源标题、房源价格、建筑面积、房源户型、房源朝向、交通条件和浏览量,其中房源图片统一对应同一张图片。

搜索房源列表页主要会为用户展示房源数据,具体展示哪些房源数据是由用户选择的搜索条件决定的,用户在智能提示搜索框的提示列表中选择了哪个检索项,便会在列表页展示符合该搜索条件的全部房源信息。

搜索房源列表页展示功能可以划分为 3 个功能,分别是选中检索项、查询满足搜索条件的所有房源数据和渲染列表页,其中选中检索项和渲染列表页由前端实现,查询满足搜索条件的所有房源数据由后端实现。

8.1.2 搜索房源列表页的接口设计

搜索房源列表页只需要请求用户搜索的房源信息,所以请求方式为 GET,请求页面为 search_list.html。因为在 index.html 文件中定义智能提示搜索框的表单时,通过 action 属性指定了表单提交的地址为/query,所以搜索房源列表页的请求地址为/query。返回数据则为房源对象。搜索房源列表页接口如表 8-1 所示。

表 8-1 搜索房源列表页接口

接口选项	说明
请求页面	search_list.html
请求方式	GET
请求地址	/query
返回数据	房源对象

8.1.3　搜索房源列表页的后端实现

后端需要查询满足搜索条件的所有房源数据，具体实现逻辑为：后端接收前端传递过来的搜索条件，再根据该搜索条件到数据库中查询符合该搜索条件的房源数据，并将查询到的房源数据渲染到前端页面中。接下来，为大家介绍如何查询满足搜索条件的所有房源数据，具体步骤如下。

（1）在 house 项目的根目录下创建 list_page.py 文件，在该文件中创建一个蓝图对象，以及定义一个用于处理前端请求的视图函数，具体代码如下所示。

```
1   from flask import Blueprint, request, render_template
2   from models import House
3   # 创建蓝图对象
4   list_page = Blueprint('list_page', __name__)
5   @list_page.route('/query')
6   def search_txt_info():
7       # 获取 addr 字段的查询结果
8       if request.args.get('addr'):
9           addr = request.args.get('addr')
10          result = House.query.filter(House.address ==
11              addr).order_by(House.publish_time.desc()).all()
12          return render_template('search_list.html', house_list=result)
13      # 获取 rooms 字段的查询结果
14      if request.args.get('rooms'):
15          rooms_info = request.args.get('rooms')
16          result = House.query.filter(House.rooms ==
17              rooms_info).order_by(House.publish_time.desc()).all()
18          return render_template('search_list.html', house_list=result)
```

在上述代码中，第 4 行代码创建了一个蓝图对象 list_page；第 5～18 行代码定义了一个视图函数 search_txt_info()，该函数绑定的 URL 规则为/query，该函数内部处理了地区搜索和户型搜索这两种情况。若获取的字段为 addr，搜索条件为房源地址；若获取的字段为 rooms，搜索条件为房源户型。

第 8～12 行代码处理了按地区搜索的情况，首先获取了房源地址 addr，然后到数据库中查询地址与该地址相同的房源数据，并将这些房源数据按发布时间降序排列，最后调用 render_template()函数将整理好的房源数据渲染到模板文件 search_list.html 中。

第 14～18 行代码处理了按户型搜索的情况，首先获取了房源户型赋值给变量 rooms_info，然后到数据库中查询与 rooms_info 相同的房源数据，并将这些房源数据按发布时间降序排列，最后调用 render_template()函数将整理好的房源数据渲染到模板文件 search_list.html 中。

（2）在 app.py 文件中，将蓝图对象 list_page 注册到程序实例中，具体代码如下所示。

```
from list_page import list_page
app.register_blueprint(list_page, url_prefix='/')
```

（3）由于部分房源对应的标题过长，换行显示后会遮挡页面上的其他信息，或者房源朝向、交通条件为空会影响页面信息的完整性，所以我们可以定义过滤器进行处理。在 list_page.py 文件中，定义两个过滤器，分别用于处理过长的房源标题和空内容，具体代码如下所示。

```
def deal_title_over(word):
    if len(word) > 15:                # 当房源的标题长度值大于 15 时, 用 "..." 替换
        return word[:15] + '...'
    else:
        return word
def deal_direction(word):             # 房源朝向、交通条件为空时显示 "暂无信息! "
    if len(word) == 0 or word is None:
        return '暂无信息! '
    else:
        return word
```

以上代码定义了两个过滤器 deal_title_over() 和 deal_direction()。其中过滤器 deal_title_over() 用于处理过长的房源标题, 如果房源标题超过 15 个字符, 那么截取前 15 个字符, 返回这 15 个字符与 "..." 拼接后的结果, 否则返回完整的房源标题; 过滤器 deal_direction() 用于处理房源朝向、交通条件为空的情况, 如果房源朝向或交通条件为空, 那么返回 "暂无信息!", 否则返回具体的房源朝向或交通条件。

（4）过滤器定义完成之后还需要注册。在 list_page.py 文件中, 添加注册过滤器 deal_title_over() 和 deal_direction() 的代码, 具体代码如下所示。

```
# 注册过滤器
list_page.add_app_template_filter(deal_title_over, 'dealover')
list_page.add_app_template_filter(deal_direction, 'dealdirection')
```

8.1.4　搜索房源列表页的前端实现

前端需要实现两个功能, 分别是选中检索项和渲染列表页, 其中选中检索项的功能代码无须进行任何修改。接下来, 分别对选中检索项和渲染列表页进行介绍。

1. 选中检索项

选中检索项的逻辑代码位于 index.html 文件中, 具体代码如下所示。

```
1   // 单击检索项将其填入输入框
2   function info_to_txt() {
3       $('.li_style').on('click', function () {
4           // 实现重复单击的初始化
5           if ($(this).hasClass('active')) {
6               $(this).removeClass('active');
7           }
8           $(this).addClass('active');
9           t_name = $(this).attr('title');
10          $('#txt').val('');
11          $('#txt').val(t_name);
12          $('#list').empty()
13      });
14  }
```

上述代码定义了函数 info_to_txt(), 该函数内部首先监听了 \<li\> 标签的单击事件, 一旦监听到单击事件便会执行第 5～12 行代码。其中第 5～7 行代码实现了重复单击的初始化, 第 8 行代码为当前元素添加了 active 类, 第 9 行代码获取了检索项的内容。

2. 渲染列表页

为了让搜索房源列表页的房源信息随着数据库中数据的变化而变化, 我们可以将后端传

递的房源数据渲染到模板文件中。在 search_list.html 文件中查询 class 属性值为 col-lg-10 的 <div>标签，在该标签内部保留第一个 class 属性值为 row collection-line 的<div>标签，并删除其余 9 个类似的<div>标签，在保留的标签外部使用循环结构将固定的数据替换为相应的模板变量，具体代码如下述加粗部分所示。

```html
<div class="collection col-lg-10">
    <div id="fill-data" class="1">
        {% for house in house_list %}
            <div class="row collection-line">
                <div class="col-lg-5 col-md-5 mx-auto">
                    <div><a href="/house/{{ house.id }}"><img class='img-fluid img-box' src="/static/img/house-bg1.jpg" alt=""></a></div>
                </div>
                <div class="col-lg-5 col-md-5 mx-auto">
                    <div class="collection-line-info">
                        <div class="title">
                            <span><a href="/house/{{ house.id }}">{{ house.title | dealover }}</a></span>
                        </div>
                        <div>
                            <span class="attribute-text">房源地址: </span> 
                            <span class="info-text">{{ house.address }} </span>
                        </div>
                        <div>
                            <span class="attribute-text">建筑面积: </span> 
                            <span class="info-text">{{ house.area }}平方米</span>
                        </div>
                        <div>
                            <span class="attribute-text">房源户型: </span> 
                            <span class="info-text">{{ house.rooms }}</span>
                        </div>
                        <div>
                            <span class="attribute-text">房源朝向: </span> 
                            <span class="info-text">{{ house.direction | dealdirection }}</span>
                        </div>
                        <div>
                            <span class="attribute-text">交通条件: </span> 
                            <span class="info-text">{{ house.traffic | dealdirection }}</span>
                        </div>
                        <div>
                    <span class="attribute-text"><i class="fa fa-heart" aria-hidden="true" style="color: #e74c3c"></i> {{ house.page_views }}人浏览过</span>
 
                            <span class="info-text"></span>
                        </div>
                    </div>
                </div>
                <div class="col-lg-2 col-md-2 mx-auto">
                    <div class="info-more">
                        <span class="info-text" style="color: #e74c3c">￥ {{ house.
```

```
price }}</span>
                          <span><a href="/house/{{ house.id }}"><i class="fa fa-arrow-
right" aria-hidden="true"></i></a></span>
                  </div>
              </div>
          </div>
          {% endfor %}
      </div>
      ......
  </div>
```

重启开发服务器，通过浏览器访问智能租房首页，在该页面的智能提示搜索框中输入"立水桥"，选择提示列表中的"昌平-立水桥-北京北"，按 Enter 键后会跳转到搜索房源列表页，该列表页中会展示所有地址为"昌平-立水桥-北京北"的房源信息。

至此，搜索房源列表页展示功能实现。

8.2　最新房源列表页展示

最新房源列表页展示功能主要会按照房源发布时间的先后顺序在页面上呈现所有的房源信息，发布时间越晚，房源信息排得越靠前。本节从功能说明、接口设计、后端实现和前端实现这几个方面对最新房源列表页展示功能的相关内容进行详细讲解。

8.2.1　最新房源列表页的功能说明

在智能租房网站中，单击首页的链接文本"更多北京房源"后，页面会跳转到最新房源列表页，该页面按照由晚到早的发布时间展示了当前城市的全部房源信息。最新房源列表页如图 8-2 所示。

图 8-2　最新房源列表页

从图 8-2 所示页面可以看出，最新房源列表页以分页形式展示了全部房源数据，每页至多展示 10 条房源信息，当前页面是第 1 页，对应的 URL 为 http://127.0.0.1:5000/list/pattern/1。

最新房源列表页展示功能可以划分为 3 个功能，分别是查询所有的房源数据、分页显示和渲染列表页，其中分页显示和渲染列表页由前端实现，查询所有的房源数据由后端实现。

8.2.2　最新房源列表页的接口设计

当用户在首页单击"更多北京房源"后会跳转至最新房源列表页，并请求所有的房源数据，因此最新房源列表页展示功能只涉及数据获取，不涉及数据提交。请求方式为 GET，请求页面为 list.html，返回数据为房源对象列表。

由于最新房源列表页以分页形式展示了房源信息，每页对应的 URL 均不同，例如，第 1 页对应的 URL 为 http://127.0.0.1:5000/list/pattern/1，第 2 页对应的 URL 为 http://127.0.0.1:5000/list/pattern/2，第 3 页对应的 URL 为 http://127.0.0.1:5000/list/pattern/3。根据 URL 的变化规律可知，每个 URL 的末尾数字随页码同步变化，因此请求地址定义为/list/pattern/<int:page>。最新房源列表页的接口如表 8-2 所示。

表 8-2　最新房源列表页的接口

接口选项	说明
请求页面	list.html
请求方式	GET
请求地址	/list/pattern/<int:page>
返回数据	房源对象列表

8.2.3　最新房源列表页的后端实现

最新房源列表页展示功能的后端逻辑：首先需要从数据库中查询所有的房源数据，将这些房源数据按照发布时间的先后顺序排列，发布时间晚的排在前面，发布时间早的排在后面；然后借用分页插件将排序后的数据进行分页展示。

接下来，在 list_page.py 文件中编写代码，实现查询所有房源数据的功能，具体代码如下所示。

```
import math
@list_page.route('/list/pattern/<int:page>')
def return_new_list(page):
    # 获取房源数据总量
    house_num = House.query.count()
    # 计算总的页码数，向上取整
    total_num = math.ceil(house_num / 10)
    result = House.query.order_by(
        House.publish_time.desc()).paginate(page, per_page=10)
    return render_template('list.html', house_list=result.items,
                           page_num=result.page, total_num=total_num)
```

以上代码定义了一个视图函数 return_new_list()，以及触发该函数的 URL 规则/list/pattern/<int:page>。

在 return_new_list()函数中首先获取房源数据总量，并根据每页展示 10 条数据计算出总页码数；接着通过 House.query.order_by()方法将房源数据按照发布时间降序排列，通过 paginate()
方法创建分页器，指定当前查询页数为 page，每页显示 10 条数据；最后通过 render_template()
函数将分页后的房源数据 house_list、当前页的页码 page_num 和总页数 total_num 传递到模板
文件 list.html 中。

8.2.4　最新房源列表页的前端实现

前端需要实现两个功能，分别是分页显示和渲染列表页，这些功能代码均位于 list.html
文件中。接下来，分别对这两个功能的代码进行介绍。

1. 分页显示

前端借助分页插件实现分页显示的功能，分页插件位于 house 项目的 static 目录下，包括
zxf_page.css、jquery.min.js 和 zxf_page.js。要在 list.html 文件中使用分页插件需要先引入分页
插件，再根据分页插件的接口要求编写符合需求的回调函数。

引入分页插件的代码如下所示。

```
<link href="/static/css/zxf_page.css" rel="stylesheet">
<script src="/static/vendor/jquery/jquery.min.js"></script>
<script src="/static/js/zxf_page.js"></script>
```

编写符合自己需求的回调函数，代码如下所示。

```
1    <script>
2        $(document).ready(function () {
3            $(".zxf_pagediv").createPage({
4                pageNum: {{total_num}},  // 总的页码数
5                {#pageNum: 10,  // 总的页码数#}
6                current: Number($('#fill-data').attr('class')),  // 当前的页码
7                backfun: function (e) {  // 回调函数
8                    console.log(e['current']);
9                    var n_current = e['current'];
10                   // 获取当前页的地址
11                   var part_path = window.location.pathname;
12                   var path_list = part_path.split('/');
13                   // 将下一页的页码替换原来的页码
14                   path_list[3] = n_current;
15                   // 获取重新拼接的新 URL
16                   var n_url = path_list.join('/');
17                   console.log(n_url);
18                   // 重新加载
19                   window.location.replace(n_url);
20               }
21           });
22       });
23   </script>
```

在上述代码中，第 7~20 行代码定义了回调函数。其中第 9 行代码获取了单击"更多北
京房源"链接文本跳转页面的页码；第 11~12 行代码获取当前页面的地址，并将该地址用/
分割成若干部分，然后将其保存到列表 path_list 中；第 14 行代码将列表中索引为 3 的元素
替换为下一页的页码；第 16 行代码根据下一页的页码拼接了新的 URL；第 19 行代码根据

新 URL 重新加载页面。

2. 渲染列表页

为了能够动态显示列表页的房源信息，在 list.html 文件中查询 id 属性值为 fill-data 的\<div\>标签，在该标签内部保留第一个 class 属性值为 row collection-line 的\<div\>标签，并删除其余 9 个类似的\<div\>标签，在保留的标签外部使用循环结构将固定的数据替换为相应的模板变量，具体代码如下述加粗部分所示。

```
<div class="collection col-lg-12 col-md-12">
    <div id="fill-data" class="{{ page_num }}">
        {% for house in house_list %}
            <div class="row collection-line">
                <div class="col-lg-5 col-md-5 mx-auto">
                    <div><a href="/house/{{ house.id }}"><img class='img-fluid
img-box' src="/static/img/house-bg1.jpg" alt=""></a></div>
                </div>
                <div class="col-lg-5 col-md-5 mx-auto">
                    <div class="collection-line-info">
                        <div class="title">
                            <span><a href="/house/{{ house.id }}">{{ house.title |
dealover }}</a></span>
                        </div>
                        <div>
                            <span class="attribute-text">房源地址：</span> 
                            <span class="info-text">{{ house.address }} </span>
                        </div>
                        <div>
                            <span class="attribute-text">建筑面积：</span> 
                            <span class="info-text">{{ house.area }}平方米</span>
                        </div>
                        <div>
                            <span class="attribute-text">房源户型：</span> 
                            <span class="info-text">{{ house.rooms }}</span>
                        </div>
                        <div>
                            <span class="attribute-text">房源朝向：</span> 
                            <span class="info-text">{{ house.direction }}</span>
                        </div>
                        <div>
                            <span class="attribute-text">交通条件：</span> 
                            <span class="info-text">{{ house.traffic | dealdirection }}
</span>
                        </div>
                        <div>
                            <span class="attribute-text"><i class="fa fa-heart" aria-
hidden="true" style="color: #e74c3c"></i> {{ house.page_views }}人浏览过</span> 
                            <span class="info-text"></span>
                        </div>
                    </div>
                </div>
                <div class="col-lg-2 col-md-2 mx-auto">
                    <div class="info-more">
```

```
                    <span class="info-text" style="color: #e74c3c">
    ￥ {{ house.price }}</span>
                        <span><a href="/house/{{ house.id }}"><i class="fa fa-arrow-
right" aria-hidden="true"></i></a></span>
                    </div>
                </div>
            </div>
        {% endfor %}
    </div>
    ......
</div>
```

　　重启开发服务器，通过浏览器访问智能租房首页，单击"更多北京房源"进入最新房源列表页，在最新房源列表页中单击"下一页"可以查看更多房源数据。另外，有些显示不完整的标题后面有"…"，有些交通条件选项的内容为"暂无信息！"。

　　至此，最新房源列表页展示功能实现。

8.3　热点房源列表页展示

　　热点房源列表页展示功能主要按照房源的浏览量在页面上呈现所有的房源信息，浏览量越大，房源信息排得越靠前。本节从功能说明、接口设计、后端实现和前端实现这几个方面对热点房源列表页展示功能的相关内容进行详细讲解。

8.3.1　热点房源列表页的功能说明

　　在智能租房网站中，单击首页的链接文本"更多热点房源"后会跳转到热点房源列表页，该页面按照由大到小的浏览量展示了当前城市的全部房源信息。热点房源列表页如图 8-3所示。

图 8-3　热点房源列表页

从图 8-3 所示页面中可以看出，热点房源列表页同样以分页形式展示了全部房源数据，每页至多展示 10 条房源信息，当前页面是第 1 页，对应的 URL 为 http://127.0.0.1:5000/list/hot_house/1。

热点房源列表页展示功能可以划分为 3 个功能，分别是查询所有的房源数据、分页显示和渲染列表页，其中查询所有的房源数据由后端实现，分页显示和渲染列表页由前端实现。

8.3.2　热点房源列表页的接口设计

热点房源列表页用于按浏览量由大至小的顺序展示全部的房源数据，所以请求方式为 GET，请求页面为 list.html，返回数据为包含多个房源对象的列表。

由于热点房源列表页也是以分页形式展示房源信息的，且每页对应的 URL 均不同，末尾数字会随着页码同步变化，因此请求地址定义为/list/hot_house/<int:page>。热点房源列表页的接口如表 8-3 所示。

表 8-3　热点房源列表页的接口

接口选项	说明
请求页面	list.html
请求方式	GET
请求地址	/list/hot_house/<int:page>
返回数据	房源对象列表

8.3.3　热点房源列表页的后端实现

热点房源列表页展示功能的后端逻辑与最新房源列表页展示功能的后端逻辑相似，都需要到数据库中查询所有的房源数据，不同的是热点房源列表页会按照房源浏览量进行展示，最新房源列表页会按照房源的发布时间进行展示。热点房源列表页具体的实现逻辑：首先需要从数据库中查询所有的房源数据，将这些房源数据按照浏览量排列，浏览量大的房源数据排在前面，浏览量小的房源数据排在后面；然后借用分页插件将排序后的数据进行分页展示。

接下来，在 list_page.py 文件中编写代码，实现查询所有房源数据的功能，具体代码如下所示。

```python
@list_page.route('/list/hot_house/<int:page>')
def return_hot_list(page):
    # 获取房源数据总量
    house_num = House.query.count()
    # 计算总的页码数，向上取整
    total_num = math.ceil(house_num / 10)
    result = House.query.order_by(
        House.page_views.desc()).paginate(page, per_page=10)
    return render_template('list.html', house_list=result.items,
                           page_num=result.page, total_num=total_num)
```

值得一提的是，热点房源列表页与最新房源列表页使用同一份前端代码，前面在实现最新房源列表页展示功能时已经介绍过前端代码，此处不赘述。

重启开发服务器，通过浏览器访问智能租房首页，单击链接文本"更多热点房源"进入热点房源列表页，在该列表页中单击"下一页"可以看到更多的房源信息。

至此，热点房源列表页展示功能实现。

8.4 本章小结

本章围绕智能租房项目列表页模块的功能进行了介绍，包括搜索房源列表页展示、最新房源列表页展示和热点房源列表页展示。希望通过学习本章的内容，读者能够熟练地运用 Flask_SQLAlchemy 查询和操作数据表，并能使用分页插件实现分页效果。

8.5 习题

简答题

1. 简述搜索房源列表页展示功能的实现逻辑。
2. 简述最新房源列表页展示功能的实现逻辑。
3. 简述热点房源列表页展示功能的实现逻辑。

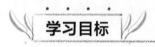

第 9 章

智能租房——详情页

◆ 掌握详情页房源数据展示功能的逻辑，能够实现在详情页上展示基本信息和配套设施内容

◆ 了解数据可视化，能够表述数据可视化的概念和流程

◆ 熟悉 ECharts 的用法和配置项，能够通过 ECharts 绘制常用图表，并能通过应用配置项来为图表添加辅助元素

◆ 掌握户型占比可视化功能的逻辑，能够实现户型占比可视化功能

◆ 掌握小区房源数量 TOP20 可视化的逻辑，能够实现小区房源数量 TOP20 可视化功能

◆ 掌握户型价格走势可视化的逻辑，能够实现户型价格走势可视化功能

◆ 了解线性回归算法，能够表述线性回归算法的概念

◆ 熟悉 scikit-learn 库的用法，能够通过 scikit-learn 库实现线性回归算法

◆ 掌握预测房价走势可视化的逻辑，能够实现预测房价走势可视化功能

拓展阅读

详情页是智能租房项目中比较重要的模块，它除了会更详尽（相较列表页而言）地展示房源信息外，还会以图表的形式展示户型、数量、价格走势、预测房价走势等相关信息。详情页模块包含 5 个功能，分别是房源数据展示、户型占比可视化、小区房源数量 TOP20 可视化、户型价格走势可视化和预测房价走势可视化，本章将带领大家实现这 5 个功能。

9.1 详情页房源数据展示

用户在首页单击任一房源图片，或者在列表页单击任一房源图片、房源标题、右箭头 ➡️，都可以进入当前房源对应的详情页。详情页左侧为用户展示了房源的基本信息、配套设施和推荐的房源信息（第 10 章会介绍），便于用户尽可能多地查看感兴趣的信息。接下来，本节将从房源基本信息和房源配套设施两方面介绍如何实现详情页房源数据展示功能。

9.1.1 房源基本信息展示

详情页左侧的房源基本信息如图 9-1 所示。

图 9-1　房源基本信息

从图 9-1 可知，页面展示的房源信息包括标题、图片、价格、收藏图标、基本属性和房屋卖点，其中基本属性又包括房屋户型、所在区域、建筑面积、租住类型、房屋朝向和房东电话，房屋卖点又包括交通条件和优势条件。

接下来，从接口设计、后端实现、渲染模板这 3 个方面介绍如何实现房源基本信息展示的功能。

1. 接口设计

为了确保从首页或列表页能跳转到正确的详情页，我们需要提前明确详情页的接口信息。接下来，分别从请求页面、请求方式、请求地址和返回数据这 4 个方面设计房源基本信息接口，具体内容如下。

（1）请求页面

详情页通过模板文件 detail_page.html 进行呈现。

（2）请求方式

由于详情页的房源基本信息只涉及房源数据的获取，不涉及数据提交，所以请求方式为GET。

（3）请求地址

各房源详情页的 URL 均不相同，但存在着一些规律。例如，前 3 套热点房源对应详情页的 URL 分别为 http://127.0.0.1:5000/house/81421、http://127.0.0.1:5000/house/99345 和 http://127.0.0.1:5000/house/91415，我们通过观察这 3 个 URL 可知，http://127.0.0.1:5000/house/是固

定不变的，其后面的数字对应房源 ID，会随房源同步修改。

由此可见，要想请求详情页展示的房源数据，我们需要将 http://127.0.0.1:5000/house/和房源 ID 拼接成完整的 URL，其中房源 ID 作为路由参数传递给视图函数。因此请求地址定义为 /house/<int:hid>，其中 hid 代表房源 ID。

（4）返回数据

请求成功则返回当前房源对象。

房源基本信息的接口如表 9-1 所示。

表 9-1　房源基本信息的接口

接口选项	说明
请求页面	detail_page.html
请求方式	GET
请求地址	/house/<int:hid>
返回数据	房源对象

2. 后端实现

基本信息展示的后端逻辑：首先获取前端请求的房源 ID，然后通过 SQLAlchemy 从数据库中查询该房源 ID 对应的房源对象，并将该房源对象的基本信息渲染到前端页面中。下面分步骤介绍后端如何实现房源基本信息展示的功能，具体步骤如下。

（1）在 house 项目的根目录下新建一个 .py 文件，命名为 detail_page，该文件用于存放有关详情页逻辑的代码。在 detail_page.py 文件中导入 Blueprint 类，并通过实例化 Blueprint 类来创建蓝图，具体代码如下所示。

```
from flask import Blueprint
detail_page = Blueprint('detail_page', __name__)
```

（2）为了能够让创建的蓝图生效，我们需要将该蓝图注册到程序实例中。切换到 app.py 文件，在该文件中注册步骤（1）中创建的蓝图，代码如下述加粗部分所示。

```
from detail_page import detail_page
......
# 将蓝图注册到 app.py 文件中
app.register_blueprint(index_page, url_prefix='/')
app.register_blueprint(list_page, url_prefix='/')
app.register_blueprint(detail_page, url_prefix='/')
if __name__ == '__main__':
    app.run(debug=True)
```

（3）定义一个视图函数 detail()，用于根据 URL 中的房源 ID 获取相应的房源对象，之后将该房源对象的基本信息进行模板渲染，具体代码如下所示。

```
from flask import Blueprint, render_template
from models import House
@detail_page.route('/house/<int:hid>')
def detail(hid):
    # 从数据库中查询房源 ID 为 hid 的房源对象
    house = House.query.get(hid)
    return render_template('detail_page.html', house=house)
```

（4）在详情页的基本信息中，有的交通条件对应的数据为空，因此这里使用模板过滤器对这些空数据进行处理。在 detail_page.py 文件中增加一个过滤器 deal_traffic_txt()，通过该过滤器处理交通条件有无数据的情况，并将该过滤器添加到蓝图中，具体代码如下所示。

```python
# 自定义过滤器，用于处理交通条件有无数据的情况
def deal_traffic_txt(word):
    if len(word) == 0 or word is None:
        return '暂无信息！'
    else:
        return word
detail_page.add_app_template_filter(deal_traffic_txt, 'dealNone')
```

3. 渲染模板

后端将当前房源信息放在上下文字典中传递给模板文件 detail_page.html，模板文件可以通过 house 获取当前房源的信息。在 detail_page.html 文件中，查询 class 属性值为 row info-line 的<div>标签，将该标签内部有关房源基本信息的固定数据替换为相应的模板变量，具体代码如下述加粗部分所示。

```html
<!--大标题-->
<div class="col-lg-12 col-md-12 detail-header">
    <h3>{{ house.address }} {{ house.rooms }}</h3>
    <div class="describe">
        <span>为您精准定位，当前城市房源信息</span>
    </div>
</div>
<!--左详情-->
<div class="col-lg-8 col-md-8">
    <div class="course">
        <!--图-->
        <div><a href="#"><img class='img-fluid img-box' src="/static/img/house-bg1.jpg" alt=""></a>
        </div>
        <!--价格-->
        <div class="house-info">
            <span class="price">¥  {{ house.price }}/月</span>
            <span class="collection" id="btn-collection"><a><i class="fa fa-heart" aria-hidden="true"> 收藏</i></a></span>
        </div>
        <!--标题-->
        <div class="attribute-header">
            <h4>基本信息</h4>
        </div>
        <!--属性 1-->
        <div class="row attribute-info">
            <div class="col-lg-2 col-md-2">
                <span class="attribute-text">基本属性</span>
            </div>
            <div class="col-lg-4 col-md-4">
                <div>
                    <span class="attribute-text">房屋户型: </span>
```

```
                <span class="info-text">{{ house.rooms }}</span>
            </div>
            <div>
                <span class="attribute-text">建筑面积：</span>
                <span class="info-text">{{ house.area }}平方米</span>
            </div>
            <div>
                <span class="attribute-text">房屋朝向：</span>
                <span class="info-text">{{ house.direction }}</span>
            </div>
        </div>
        <div class="col-lg-6 col-md-6">
            <div>
                <span class="attribute-text">所在区域：</span>
                <span class="info-text">{{ house.address }}</span>
            </div>
            <div>
                <span class="attribute-text">租住类型：</span>
                <span class="info-text">{{ house.rent_type }}</span>
            </div>
            <div>
                <span class="attribute-text">房东电话：</span>
                <span class="info-text">{{ house.phone_num }}</span>
            </div>
        </div>
    </div>
    <!--属性2-->
    <div class="row attribute-info">
        <div class="col-lg-2 col-md-2">
            <span class="attribute-text">房屋卖点</span>
        </div>
        <div class="col-lg-8 col-md-8">
            <div>
                <span class="attribute-text">交通条件：</span>
                <span class="info-text">{{ house.traffic | dealNone }}</span>
            </div>
            <div>
                <span class="attribute-text">优势条件：</span>
                <span class="info-text">{{ house.title }}</span>
            </div>
        </div>
    </div>
</div>
```

　　重启开发服务器，通过浏览器访问 http://127.0.0.1:5000/house/1 网址后，可以看到页面中会展示 ID 为 1 的房源基本信息。

9.1.2　房源配套设施展示

　　房源配套设施呈现在详情页左侧基本信息的下方，用于罗列租赁房屋配置的家用电器。房源配套设施如图 9-2 所示。

图 9-2　房源配套设施

由图 9-2 可知，标准的房源配套设施有冰箱、洗衣机、电视、空调、暖气、热水器、天然气、床、Wi-Fi 和电梯，其中房屋没有配置的设施会使用带删除线的灰字显示。

由于房源配套设施与房源基本信息的接口相同，所以这里从后端实现和渲染模板两个方面介绍如何实现房源配套设施展示的功能。

1. 后端实现

房源配套设施展示与房源基本信息展示的后端逻辑类似，首先通过 SQLAlchemy 从数据库中查询字段为 facilities 的数据，并将获取的数据传递给模板文件后由模板引擎渲染到页面。由于 facilities 字段对应的数据格式为 "设施 1-设施 2-设施 3-……-设施 N"，即使用连接符 "-"连接多个已有设施的名称，如床-宽带-洗衣机-空调-热水器-暖气，所以这里需要将 facilities 字段对应的数据进行分割处理，以获得每个设施的名称。

在 detail_page.py 文件中修改 detail() 函数，增加处理配套设施的代码，修改后的代码如下所示。

```
@detail_page.route('/house/<int:hid>')
def detail(hid):
    # 从数据库中查询房源 ID 为 hid 的房源对象
    house = House.query.get(hid)
    # 获取房源对象的配套设施信息，比如床-宽带-洗衣机-空调-热水器-暖气
    facilities_str = house.facilities
    # 将分割后的每个设施名称保存到列表中
    facilities_list = facilities_str.split('-')
    return render_template('detail_page.html', house=house,
                           facilities=facilities_list)
```

2. 渲染模板

在 detail_page.html 文件中，查询 class 属性值为 row attribute-info 的 <div> 标签，在该标签内部通过选择结构判断配套设施是否存在，若存在则正常显示文字，否则显示带删除线的文字，具体代码如下述加粗部分所示。

```
<!--房源配套设施-->
<div class="attribute-header">
    <h4>房源配套设施</h4>
</div>
```

```
<!--设施列表-->
<div class="row attribute-info">
    <div class="col-lg-2 col-md-2">
        <span class="icon-1"></span>
        {% if '冰箱' in facilities %}
        <span class="attribute-text-sm" style="color: #f1c40f">冰箱</span>
        {% else %}
        <span class="attribute-text-sm"><s>冰箱</s></span>
        {% endif %}
    </div>
    <div class="col-lg-2 col-md-2">
        <span class="icon-2"></span>
        {% if '洗衣机' in facilities %}
        <span class="attribute-text-sm" style="color: #f1c40f">洗衣机</span>
        {% else %}
        <span class="attribute-text-sm"><s>洗衣机</s></span>
        {% endif %}
    </div>
    <div class="col-lg-2 col-md-2">
        <span class="icon-3"></span>
        {% if '电视' in facilities %}
        <span class="attribute-text-sm" style="color: #f1c40f">电视</span>
        {% else %}
        <span class="attribute-text-sm"><s>电视</s></span>
        {% endif %}
    </div>
    <div class="col-lg-2 col-md-2">
        <span class="icon-4"></span>
        {% if '空调' in facilities %}
        <span class="attribute-text-sm" style="color: #f1c40f">空调</span>
        {% else %}
        <span class="attribute-text-sm"><s>空调</s></span>
        {% endif %}
    </div>
    <div class="col-lg-2 col-md-2">
        <span class="icon-5"></span>
        {% if '暖气' in facilities %}
        <span class="attribute-text-sm" style="color: #f1c40f">暖气</span>
        {% else %}
        <span class="attribute-text-sm"><s>暖气</s></span>
        {% endif %}
    </div>
</div>
<div class="row attribute-info">
    <div class="col-lg-2 col-md-2">
        <span class="icon-6"></span>
        {% if '热水器' in facilities %}
        <span class="attribute-text-sm" style="color: #f1c40f">热水器</span>
        {% else %}
```

```
            <span class="attribute-text-sm"><s>热水器</s></span>
            {% endif %}
        </div>
        <div class="col-lg-2 col-md-2">
            <span class="icon-7"></span>
            {% if '天然气' in facilities %}
            <span class="attribute-text-sm" style="color: #f1c40f">天然气</span>
            {% else %}
            <span class="attribute-text-sm"><s>天然气</s></span>
            {% endif %}
        </div>
        <div class="col-lg-2 col-md-2">
            <span class="icon-8"></span>
            {% if '床' in facilities %}
            <span class="attribute-text-sm" style="color: #f1c40f">床</span>
            {% else %}
            <span class="attribute-text-sm"><s>床</s></span>
            {% endif %}
        </div>
        <div class="col-lg-2 col-md-2">
            <span class="icon-9"></span>
            {% if '宽带' in facilities %}
            <span class="attribute-text-sm" style="color: #f1c40f">Wi-Fi</span>
            {% else %}
            <span class="attribute-text-sm"><s>Wi-Fi</s></span>
            {% endif %}
        </div>
        <div class="col-lg-2 col-md-2">
            <span class="icon-10"></span>
            {% if '电梯' in facilities %}
            <span class="attribute-text-sm" style="color: #f1c40f">电梯</span>
            {% else %}
            <span class="attribute-text-sm"><s>电梯</s></span>
            {% endif %}
        </div>
    </div>
</div>
```

在上述加粗代码中，通过{% if %}、{% else %}、{% endif %}处理了有配套设施和没有配套设施两种情况，若 facilities 列表中有包含配套设施名称的字符串，则使用颜色为#f1c40f 的文字来显示；若 facilities 列表中没有包含配套设施名称的字符串，则使用<s> 标签定义加删除线的文字。

重启开发服务器，在浏览器中再次刷新当前页面，可以看到该页面中会显示 ID 为 1 的房源配套设施。

9.2　利用 ECharts 实现数据可视化

详情页右侧呈现了 4 种不同类型的图表，这 4 种图表可以直观且形象地向用户传达当前街道的房源信息，包括价格走势、户型占比、房源数量等。若希望在网页上呈现这些图表，则需要提前了解数据可视化以及数据可视化的工具 ECharts。接下来，本节将对数据可视化以及数据可视化工具 ECharts 的相关知识进行讲解。

9.2.1　认识数据可视化

现如今已进入"大数据时代"，人们每天的生活都会产生海量的数据，这些海量数据中隐藏着大量有价值的数据。例如，研究气温数据和流感人群数量可以发现气温对流感人群的影响；研究城市的交通数据可以发现受欢迎路线或日常拥堵路线等。由此可见，有价值的数据可以给人们的生活带来极大的便利，如何从海量数据中提取有价值的数据是非常重要的。

随着数据分析的应用场景日益增多，在学科方面衍生出了数据统计学学科，而对这一学科来说非常关键的技术便是数据可视化。数据可视化是指将大型数据集中的数据以图形、图像形式表示，并利用数据分析和开发工具发现其中未知信息的处理过程。

数据可视化提倡美学形式与功能需要"齐头并进"，它既不会因为要实现功能而令人感到枯燥、乏味，也不会因为要实现绚丽多彩的视觉效果而令图表过于复杂，而是直观地传达关键的特征等，从而实现对于相当稀疏而又复杂的数据集的深入"洞察"。数据可视化的基本流程如图 9-3 所示。

图 9-3　数据可视化的基本流程

由图 9-3 可知，数据可视化的基本流程即从源数据到数据展示的完整流程：首先从源数据中选择与目标需求关系紧密的目标数据；然后对目标数据进行一系列处理，比如填充缺失值、删除重复值、替换异常值等，再生成预处理数据；接着将预处理数据经过一系列变换后生成变换数据，使变换数据的结构符合可视化工具的要求；最后借助数据可视化工具将变换数据渲染到网页上进行展示。

9.2.2　认识 ECharts

ECharts 是一款基于 JavaScript 语言的数据可视化库，它提供了直观、生动、可交互、可个性化定制的图表，能够流畅地运行在个人计算机（Personal Computer，PC）或移动设备上，兼容当前绝大部分的浏览器，比如 Chrome、Firefox、Safari 等。ECharts 起初由百度 EFE（Excellent FrontEnd）数据可视化团队开源，于 2018 年初捐赠给 Apache 基金会，成为 Apache 软件基金会（Apache Software Foundation，ASF）孵化级项目。

ECharts 支持多达 37 种图表，常用的图表有折线图、柱状图、散点图、饼图；用于地理数据可视化的图表有地图、热力图、路径图；用于关系数据可视化的图表有关系图、树图、旭日图等。另外，ECharts 还提供了标题、详情气泡、图例、值域、数据区域、时间轴、工具箱等可交互组件，这些交互组件可以与图表混搭展现。

为进一步加深大家对常用图表的认识，接下来，结合 ECharts 官网提供的图表示例为大家介绍折线图、柱状图、散点图、饼图这几种图表的构成要素、用途等，具体内容如下。

1. 折线图

折线图一般由 x 轴（横轴）、y 轴（纵轴）、数据点和趋势线构成，用于描述一组或多组数据在有序数据类别（多为时间序列）上的变化情况，可反映数据增减的规律、速率、峰值、谷值等特征。折线图示例如图 9-4 所示。

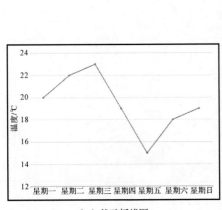

（a）基础折线图　　　　　　（b）堆叠折线图

图 9-4　折线图示例

在图 9-4 中，每一个圆点对应一个数据，这些圆点沿着周或月份的先后顺序串联成趋势线。从图 9-4 中可以看出折线的峰值和谷值，从趋势线的走势可以直观地看出数据随着时间变化的趋势。

2. 柱状图

柱状图用于描述分类数据，并统计每个分类的数量，通过矩形的高度反映各分类的数量差异。柱状图基本由 x 轴（横轴）、y 轴（纵轴）、纵向矩形条构成。柱状图示例如图 9-5 所示。

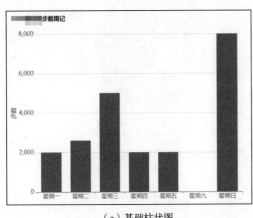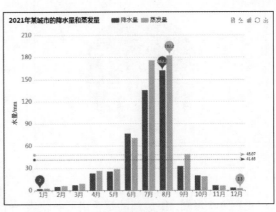

（a）基础柱状图　　　　　　　　（b）多柱状图

图 9-5　柱状图示例

在图 9-5（a）中，每个纵向矩形条对应一个分类，其高度代表分类的数量；在图 9-5（b）中，两组纵向矩形条各对应一个分类，为了区分每组矩形条所代表的含义，图表上方增加了图例（图形或颜色所表示含义的说明，通常集中标注于图表的上方或一侧）来加以说明。

3. 散点图

散点图又称 x-y 图，一般由 x 轴（横轴）、y 轴（纵轴）、数据点构成，用于比较两个类别之间是否存在某种关联，通过数据点的分布情况体现两个类别的相关性：若所有的数据点在一条直线附近呈波动趋势，说明两个类别是线性相关的；若数据点在曲线附近呈波动趋势，说明两个类别是非线性相关的；若数据点呈现其他形状，说明两个类别是不相关的。散点图示例如图 9-6 所示（图中用到的数据并非真实数据）。

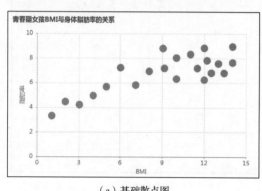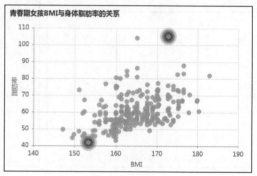

（a）基础散点图　　　　　　　　　　（b）涟漪特效散点图

图 9-6　散点图示例

4. 饼图

饼图一般由若干个扇形构成，它使用圆代表数据的总量，组成圆的每个扇形表示每个分类占数据总量的比例，可用于帮助用户快速了解数据中不同分类的分配情况。饼图示例如图 9-7 所示。

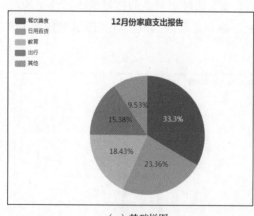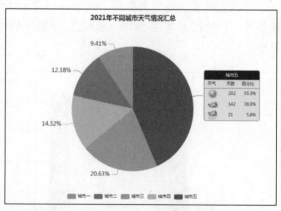

（a）基础饼图　　　　　　　　　　（b）带富文本标签的饼图

图 9-7　饼图示例

由图 9-7 可知，组成圆的每个扇形各代表一个分类，每个扇形的面积代表该分类占总体的比例。

9.2.3 ECharts 的基本使用

ECharts 支持绘制不同类型且样式丰富的图表，尽管每种图表的样式千差万别，但使用 ECharts 绘制这些图表的流程基本相同。使用 ECharts 绘制图表的流程一般分为以下 4 步。

（1）在 HTML 文件中引入 ECharts。

（2）定义有宽度和高度的父容器。

（3）初始化 ECharts 实例。

（4）通过 setOption() 方法生成图表。

接下来，分别对上述步骤涉及的内容进行详细介绍，具体内容如下。

1. 在 HTML 文件中引入 ECharts

使用 ECharts 绘制图表之前，需要先在 HTML 文件中引入包含完整 ECharts 功能的脚本文件 echarts.min.js。例如，创建一个名称为 test 的 HTML 文件，在该文件中的 <head> 标签内部引入 echarts.min.js 文件，具体代码如下所示。

```
<!DOCTYPE html>
<html>
    <head>
        <meta charset="utf-8">
        <!-- 引入 ECharts -->
        <script src="echarts.min.js"></script>
    </head>
    <body>
    </body>
</html>
```

上述代码中，<script> 标签的 src 属性指定了脚本文件 echarts.min.js 的路径，该路径既可以是绝对路径，也可以是相对路径，需要视情况而定。由于我们要把 echarts.min.js 文件与 test.html 置于同一目录下，所以上述代码中使用的是相对路径。

2. 定义有宽度和高度的父容器

为了让图表具有预定的宽度和高度，我们可以在 HTML 文件中使用 <div> 标签定义父容器，并且通过 CSS 代码指定该容器具有宽度和高度。当创建图表的时候，图表的宽度和高度默认为父容器的宽度和高度，无须另行指定。例如，在 <body> 标签中增加定义父容器的代码，具体代码如下所示。

```
<body>
    <!-定义有宽度和高度的父容器 -->
    <div id="main" style="width: 600px;height:400px;"></div>
</body>
```

需要注意的是，若不希望图表的宽度和高度等于父容器的宽度和高度，则可以在创建图表的时候指定宽度和高度，以覆盖父容器的宽度和高度。

3. 初始化 ECharts 实例

echarts.init() 函数用于初始化 ECharts 实例。ECharts 对象是 ECharts 提供的全局对象，该对象会在向 <script> 中引入 echarts.min.js 文件后获得。echarts.init() 函数的声明如下所示。

```
echarts.init(dom: HTMLDivElement|HTMLCanvasElement,
    theme?: Object|string,
    opts?: { devicePixelRatio?: number, renderer?: string,
```

```
useDirtyRect?: boolean, width?: number|string, height?: number|string,
locale?: string }) => ECharts
```

上述函数中常用参数的含义如下。

（1）dom：表示实例容器，一般是具有宽度和高度的< div>标签。

（2）theme：表示应用的主题。

（3）opts：附加参数，支持以下可选项。

- devicePixelRatio：设备像素比，默认值为通过 window.devicePixelRatio 获取浏览器的值。

- renderer：表示渲染器，支持'canvas'（Canvas 渲染）和'svg'（SVG 渲染）两种取值。

- useDirtyRect：是否开启矩形渲染，默认值为 false。

- width、height：可分别显式指定 ECharts 实例的宽度和高度，单位为 px。如果传入的值为 null/undefined/'auto'，则表示自动获取 dom 的宽度。

- locale：使用的语言，内置'ZH'和'EN'两种语言。

例如，在<body>标签中增加初始化 ECharts 实例的代码，具体代码如下述加粗部分所示。

```html
<body>
    <!-定义有宽度和高度的父容器 -->
    <div id="main" style="width: 600px;height:400px;"></div>
    <script type="text/javascript">
        // 初始化 ECharts 实例
        var myChart = echarts.init(document.getElementById('main'));
    </script>
</body>
```

以上加粗代码调用 echarts.init() 函数创建了 ECharts 实例，并传入了参数值 document.getElementById('main')，代表从 DOM（文档对象模型）中查找 id 为 main 的元素。

4. 通过 setOption()方法生成图表

setOption()方法可以为图表指定配置项和数据，以生成指定样式的图表。setOption()方法的声明如下所示。

```
setOption(option: Object, notMerge?: boolean, lazyUpdate?: boolean)
```

上述方法中各参数的含义如下。

- option：图表的配置项以及数据。例如，配置项 series 用于设置图表的类型和存放图表的数据。

- notMerge：是否不与之前设置的 option 进行合并，默认值为 false，表示合并。

- lazyUpdate：设置完 option 后是否不立即更新图表，默认值为 false，代表立即更新。

例如，在<script>与</script>标签之间增加生成图表的代码，具体代码如下述加粗部分所示。

```html
<script type="text/javascript">
    // 初始化 ECharts 实例
    var myChart = echarts.init(document.getElementById('main'));
    // 指定配置项
    var option = {
        title: {                        // 设置标题
            text: 'ECharts 入门示例'
        },
```

```
        tooltip: {},                    // 设置提示框
        legend: {                       // 设置图例
            data:['销量']
        },
        xAxis: {                        // 设置 x 轴的类目
            data: ["衬衫","羊毛衫","雪纺衫","裤子","高跟鞋","袜子"]
        },
        yAxis: {},                      // 设置 y 轴的类目
        series: [{                      // 设置图表类型和数据
            name: '销量',
            type: 'bar',
            data: [5, 20, 36, 10, 10, 20]
        }]
    };
    // 使用刚指定的配置项生成图表
    myChart.setOption(option);
</script>
```

在上述加粗代码中，变量 option 保存了配置项 title、tooltip、legend、xAxis、yAxis、series（后面会详细介绍），分别用于为图表设置标题、提示框、图例、x 轴的类目、y 轴的类目、图表类型和数据。

在浏览器中打开 test.html 文件，页面中展示的图表效果如图 9-8 所示。

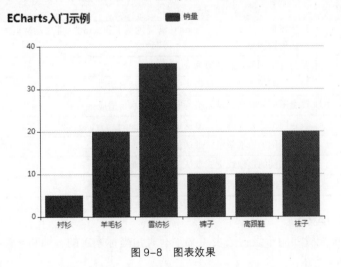

图 9-8 图表效果

在图 9-8 中，单击顶部的 "销量" 图标 ■ 会隐藏坐标系中的矩形条，再次单击它则会显示坐标系中的矩形条。

9.2.4 ECharts 的常用配置项

为了使图表更准确地传达信息，ECharts 内置了众多配置项，用于为图表设置辅助元素、组件动画等。ECharts 中常用的配置项包括 title、legend、xAxis、yAxis、grid、tooltip、series，关于这些配置项的介绍如下。

1. title

title 配置项用于为图表设置主标题和副标题，有助于帮助用户快速理解图表的意图。title 配置项的常用属性如表 9-2 所示。

表 9-2   title 配置项的常用属性

属性	说明
show	是否显示标题，默认值为 true
link	设置主标题的文本超链接
target	设置哪个窗口打开主标题超链接。target 属性支持'self'和'blank'两种取值，其中'self'表示当前窗口打开主标题超链接，'blank'表示新窗口打开主标题超链接
fontSize	设置主标题文本的字体大小，默认值为 18 像素
subtext	设置副标题文本，默认为空字符串
textAlign	设置主标题和副标题整体的水平对齐方式，默认值为'auto'

2. legend

legend 配置项用于为图表设置图例，能便于用户了解图表中不同标记、颜色等对应的系列。我们可以通过单击图例项来控制哪些系列显示或隐藏。当系列数量过多时，可以使用能滚动翻页的图例。legend 配置项的常用属性如表 9-3 所示。

表 9-3   legend 配置项的常用属性

属性	说明
style	设置图例的类型，支持'plain'（普通图例）和'scroll'（能滚动翻页的图例）两种取值，默认值为'plain'
show	是否显示图例，默认值为 true
width	设置图例的宽度，默认值为'auto'，表示自适应
height	设置图例的高度，默认值为'auto'，表示自适应
backgroundColor	设置图例的背景颜色，默认值为'transparent'，代表透明
borderColor	设置图例的边框颜色，默认值为'#ccc'
borderWidth	设置图例的边框线宽，默认值为 1 像素
animation	设置图例翻页是否使用动画

3. xAxis 和 yAxis

xAxis 和 yAxis 配置项用于设置图表（必须有直角坐标系）的 x 轴和 y 轴，这两个配置项的常用属性如表 9-4 所示。

表 9-4   xAxis 和 yAxis 配置项的常用属性

属性	说明
show	是否显示 x 轴或 y 轴，默认值为 true
position	设置 x 轴或 y 轴的位置。默认第一个 x 轴位于下方，第二个 x 轴位于第一个 x 轴的另一侧；第一个 y 轴位于左侧，第二个 y 轴位于第一个 y 轴的另一侧
type	设置坐标轴的类型，默认值为'category'，表示类目轴，适用于离散的类目数据。该属性还支持'value'（数值轴，适用于连续数据）、'time'（时间轴，适用于连续的时序数据）和'log'（对数轴，适用于对数数据）3 种取值

续表

属性	说明
name	设置坐标轴的名称
nameLocation	设置坐标轴名称的显示位置，默认值为'end'，代表在轴结束端显示
axisTick	坐标轴刻度相关设置
data	类目数据，在类目轴上生效
axisLabel	坐标轴刻度标签的相关设置
axisLine	坐标轴轴线的相关设置
boundaryGap	坐标轴两边留白策略

4. grid

grid 配置项用于设置图表（必须有直角坐标系）的网格，该配置项的常用属性如表 9-5 所示。

表 9-5　grid 配置项的常用属性

属性	说明
containLabel	设置网格区域内是否包含坐标轴的刻度标签
left	网格区域离容器左侧的距离，默认值为'10%'。该属性支持 3 种类型的取值，第 1 种是具体的像素值，比如 10；第 2 种是相对于容器高度和宽度的百分比，比如'10%'；第 3 种是表示位置的字符串，可以为'left'、'center'、'right'
right	网格区域离容器右侧的距离，默认值为'10%'
top	网格区域离容器顶部的距离，默认值为 60 像素。该属性支持 3 种类型的取值，第 1 种是具体的像素值，如 10；第 2 种是相对于容器高度和宽度的百分比，如'10%'；第 3 种是表示位置的字符串，可以为'top'、'middle'、'bottom'
bottom	网格区域离容器底部的距离，默认值为 60 像素

5. tooltip

tooltip 配置项用于为图表设置提示框组件，提示框组件用于显示鼠标指针悬浮在图形上方时的提示内容。tooltip 配置项的常用属性如表 9-6 所示。

表 9-6　tooltip 配置项的常用属性

属性	说明
trigger	触发类型，支持 3 种取值，其中'item'表示数据项图形触发，主要在散点图、饼图等无类目轴的图表中使用；'axis'表示坐标轴触发，主要在柱状图、折线图等使用类目轴的图表中使用；'none'表示不触发
formatter	设置提示框浮层的内容格式器，支持字符串模板和回调函数两种形式
textStyle	设置提示框浮层的文本样式

6. series

series 是一个非常重要的配置项，主要用于设置图表的类型以及存放图表的数据，适用于所有类型的图表。图表类型不同，series 配置项包含的属性则不同。以饼图为例，series 配置项的常用属性如表 9-7 所示。

表 9-7　series 配置项的常用属性

属性	说明
name	设置系列的名称，用于提示框的显示和图例筛选
type	设置图表的类型。例如，bar 表示柱状图/条形图，line 表示折线图，pie 表示饼图，scatter 表示散点图或气泡图
radius	设置饼图的半径，支持 3 种类型的取值，分别是 number、string 和 Array.\<number|string>。其中 number 代表指定的外半径值；string 代表外半径为可视区尺寸的长度；Array.\<number|string>表示数组，数组中的第一项是内半径，第二项是外半径
center	设置饼图的中心（圆心）坐标，坐标值为包含两个元素的数组，数组中的第一项是横坐标（数值）或相对于容器的宽度（百分比字符串），第二项是纵坐标（数值）或相对于容器的高度（百分比字符串）
labelLine	表示配置标签的视觉引导线
label	饼图图形上的文本标签，可用于说明图形的一些数据信息，比如值、名称等
itemStyle	设置图形样式

9.3　户型占比可视化

户型占比可视化功能用于统计当前房源所属街道范围内各种户型房源的数量，并通过饼图展示各种户型的占比情况，可方便用户了解当前街道范围内的房源哪种户型偏多，以及所需户型的房源是否容易找到。接下来，本节将对户型占比可视化功能的相关内容进行讲解。

9.3.1　户型占比可视化的功能说明

户型占比可视化的饼图如图 9-9 所示。

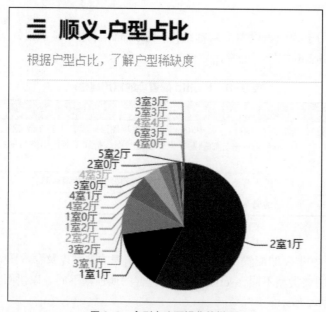

图 9-9　户型占比可视化的饼图

　　从图 9-9 中可以看出，每个扇形代表着不同的户型，每个扇形的大小代表不同户型的房源数量占房源总数的比例。

　　若希望绘制图 9-9 所示的饼图，则需要统计当前房源所属街道的户型分类数据和户型数量。户型占比可视化功能的实现流程遵循数据可视化的基本流程，如图 9-10 所示。

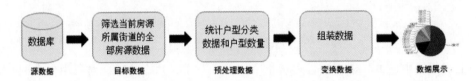

图 9-10　户型占比可视化功能的实现流程

　　关于图 9-10 中各环节的说明如下。

　　（1）源数据：数据库的 house_info 表中存放着所有房源的数据。

　　（2）目标数据：从数据库的 house_info 表中筛选出与当前房源属于同一街道的全部房源数据。由于 house_info 表中 block 字段对应的一列数据为房源所属街道数据，所以需要从数据库中查询与当前房源对象的 block 字段值相同的数据。

　　（3）预处理数据：将目标数据按照户型进行分类，并统计每种户型的房源数量。

　　（4）变换数据：将户型分类数据和户型数量按照 ECharts 的要求变换成指定格式的数据。

　　（5）数据展示：通过数据可视化工具 ECharts 将户型分类数据和户型数量绘制成饼图。

9.3.2　户型占比可视化的接口设计

　　为了确保详情页可以正确显示饼图，我们需要提前明确户型占比可视化的接口信息。接下来，分别从请求页面、请求方式、请求地址和返回数据这 4 个方面设计户型占比可视化接口，具体内容如下。

　　（1）请求页面

　　详情页通过模板文件 detail_page.html 进行呈现。

　　（2）请求方式

　　由于户型占比可视化功能的后端逻辑只涉及数据获取，不涉及数据提交，所以请求方式为 GET。

　　（3）请求地址

　　后端需要筛选出与当前房源属于同一街道的全部房源数据，因此将街道名称作为路由参数传递给视图。请求地址定义为/get/piedata/<block>，其中 block 表示当前房源所属的街道。

　　（4）返回数据

　　后端需要向前端传递户型分类数据和户型数量，由于前端规定使用 JSON 格式的数据，所以后端需要按照指定的格式将户型分类数据和户型数量组装成 JSON 数据。JSON 数据示例如下所示。

```
{
    "data": [
        {
```

```
            "name": "2室1厅",
            "value": 86
        },
        {
            "name": "3室1厅",
            "value": 69
        },
        ......
    ]
}
```

在上述代码中，data 数组中包含若干个 JSON 对象，每个 JSON 对象中包含两个键值对。其中键 name 表示户型分类数据，其为字符串类型；键 value 表示户型数量，其为整数类型。

户型占比可视化的接口如表 9-8 所示。

表 9-8　户型占比可视化的接口

接口选项	说明
请求页面	detail_page.html
请求方式	GET
请求地址	/get/piedata/\<block\>#
返回数据	JSON 格式的数据，包括户型分类数据和户型数量

9.3.3　获取同街道房源的户型分类数据和户型数量

获取同街道房源的户型分类数据和户型数量的逻辑为：前端首先向后端发送 AJAX 请求告知后端获取哪条街道的房源数据；然后后端到数据库中查询并过滤属于该街道的所有房源数据，将这些房源数据按户型进行分组并统计每种户型的房源数量；最后将户型分类数据和户型数量组装成指定格式的 JSON 数据，然后将其传给 ECharts 生成图表。接下来，分步骤介绍获取同街道房源的户型分类数据和户型数量，具体步骤如下。

（1）在 detail_page.html 文件中，查看发送 AJAX 请求的代码，具体代码如下所示。

```
$.AJAX({
    url: "/get/piedata/{{ house.block }}",
    type: 'get',
    dataType: 'json',
    success: function (data) {
        pie_chart(data['data'])
    }
});
```

以上代码定义了 AJAX() 方法，该方法用于执行 AJAX 请求。AJAX()方法中包含多个参数，其中 url 表示发送请求的 URL，此处设置的请求地址为/get/piedata/{{ house.block }}；type 表示请求方式，此处设置的请求方式为 GET；dataType 表示预期的服务器响应的数据类型，此处设置的数据类型为 JSON 类型；success 用于规定请求成功时调用的函数，此处设置的函数为用于生成饼图的 pie_chart()。

（2）按照 9.3.2 小节介绍的接口定义视图函数 return_pie_data()，具体代码如下所示。

```
1  @detail_page.route('/get/piedata/<block>')
2  def return_pie_data(block):
3      result = House.query.with_entities(House.rooms,
4              func.count()).filter(House.block == block).group_by(
5              House.rooms).order_by(func.count().desc()).all()
6      data = []
7      for one_house in result:
8          data.append({'name': one_house[0], 'value': one_house[1]})
9      return jsonify({'data': data})
```

在上述代码中，第 3～5 行代码首先调用 with_entities()方法指定查询的字段为 House.rooms，统计函数为 func.count()；然后调用 filter()方法过滤 House.block 字段的值等于 block 的房源数据；接着调用 group_by()方法和 order_by()方法按户型数量对数据进行降序排列；最后调用 all()方法获取所有符合要求的数据，并赋值给变量 result。此时 result 保存的数据为一个列表，该列表中包含若干个元组，元组的第一个元素表示户型分类数据，第二个元素表示户型数量。

第 6～8 行代码将 result 保存的数据变换成指定格式的数据，其中第 6 行代码定义了一个空列表 data，第 7～8 行代码遍历 result 取出每个元组，之后将元组的元素按照前面给出的格式进行组装。

第 9 行代码调用 jsonify()函数将数据序列化为 JSON 格式的数据，并将这些数据封装成响应后返回给前端进行处理。

9.3.4 通过饼图展示户型占比

当浏览器的 AJAX 请求发送成功后，会调用 pie_chart()函数通过 ECharts 绘制饼图。在 house 项目的 static/js 目录下，show_data_pie.js 文件中存放了 pie_chart()函数的代码，具体如下所示。

```
1  function pie_chart(data) {
2      // 初始化 ECharts 实例
3      var myChart = ECharts.init(document.getElementById('pie'));
4      window.addEventListener('resize', function () {
5          myChart.resize();
6      });
7      var option = {
8          tooltip : {
9              trigger: 'item',
10             formatter: "{a} <br/>{b} : {c} ({d}%)",
11         },
12         series:[{
13             name: '户型的占比',
14             type: 'pie',
15             radius: ['0%', '50%'],
16             center: ['50%', '60%'],
17             labelLine: {normal: {show: true}, emphasis: {show: true}},
18             label: {normal: {show: true}, emphasis: {show: true}},
19             itemStyle: {emphasis: {shadowBlur: 10, shadowOffsetX: 0,
20                 shadowColor: 'rgba(0, 0, 0, 0.5)'}},
```

```
21              data: data,
22          }]
23      };
24      myChart.setOption(option);  // 根据配置项生成图表
25  }
```

在上述代码中，第 8～11 行代码设置了提示框的样式，通过 trigger 属性设置提示框的触发类型为鼠标指针置于数据项图形上方时触发；通过 formatter 属性设置鼠标指针在扇形上方悬停时提示框的文字格式为{a}
{b}：{c} ({d}%)，其中 a 表示数据项图形的名称，即户型的占比，b 代表户型的名称，c 代表户型的数量，d 代表百分比。

第 12～23 行代码设置了饼图的数据及样式，通过 name 属性设置数据项图形的名称为"户型的占比"；通过 type 属性设置图表的类型为饼图；通过 radius 属性设置饼图的半径为['0%', '50%']，其中 0%为圆心，50%为半径的一半；通过 center 属性设置圆心的位置为['50%', '55%']；通过 data 属性设置绘制饼图的数据。

重启开发服务器，刷新 ID 为 1 的详情页，可以看到该页面的右方会展示一个饼图，不过饼图标题中的名称是"顺义-顺义城"而不是"朝阳-朝阳公园"。

为此，我们需要对 detail_page.html 文件中设置饼图标题的 HTML 代码进行修改，使该标题中的名称跟随房源数据动态变化，修改后的代码如下述加粗部分所示。

```
<div class="col-lg-12 col-md-12 mx-auto attribute-header">
    <h4><i class="fa fa-align-right" aria-hidden="true"></i>  
        {{ house.block }} 户型占比</h4>
    <div class="attribute-header-tip-line">
        <span>根据户型占比，了解户型稀缺度</span>
    </div>
</div>
```

重启开发服务器，再次刷新当前房源的详情页，可以看到饼图标题由"顺义-顺义城"变成了"朝阳-朝阳公园"。

9.4　小区房源数量 TOP20 可视化

小区房源数量 TOP20 可视化功能用于统计当前房源所属街道上各小区在租房源的数量，并通过柱状图展示在租房源数量排在前 20 的小区信息，可方便用户了解当前街道范围内哪个小区的房源偏多。接下来，本节将对小区房源数量 TOP20 可视化功能的相关内容进行讲解。

9.4.1　小区房源数量 TOP20 可视化的功能说明

小区房源数量 TOP20 可视化的柱状图如图 9-11 所示。

从图 9-11 可以看出，每个竖条代表一个小区，每个竖条的高度代表小区的房源数量。

若希望绘制图 9-11 所示的柱状图，则需要统计当前房源所属街道上所有小区名称及房源数量。小区房源数量 TOP20 可视化功能的实现流程遵循数据可视化的基本流程，如图 9-12 所示。

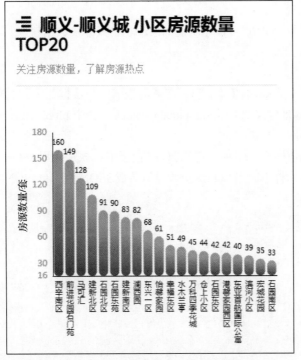

图 9-11　小区房源数量 TOP20 可视化的柱状图

图 9-12　小区房源数量 TOP20 可视化功能的实现流程

关于图 9-12 中各环节的说明如下。

（1）源数据：数据库的 house_info 表中存放着所有房源的数据。

（2）目标数据：从数据库的 house_info 表中筛选出与当前房源属于同一街道的全部房源数据。

（3）预处理数据：将房源数据按照小区名称进行分类，并统计各小区房源的总数。

（4）变换数据：将小区名称和房源数量按照 ECharts 的要求变换成指定格式的数据。

（5）数据展示：通过数据可视化工具 ECharts 将小区名称和房源数量绘制成柱状图。

9.4.2　小区房源数量 TOP20 可视化的接口设计

为了确保详情页可以正确显示柱状图，我们需要提前明确小区房源数量 TOP20 可视化的接口信息。接下来，分别从请求页面、请求方式、请求地址和返回数据这 4 个方面设计小区房源数量 TOP20 可视化的接口，具体内容如下。

（1）请求页面

详情页通过模板文件 detail_page.html 进行呈现。

（2）请求方式

由于小区房源数量 TOP20 可视化功能的后端逻辑只涉及数据获取，不涉及数据提交，所以请求方式为 GET。

（3）请求地址

后端需要筛选出与当前房源属于同一街道的全部房源数据，因此将街道名称作为路由参数传递给视图。请求地址定义为/get/columndata/<block>，其中 block 表示当前房源所属的街道。

（4）返回数据

后端需要向前端传递小区名称和房源数量，由于前端规定使用 JSON 格式的数据，所以后端需要按照指定的格式将小区名称和房源数量组装成 JSON 数据。JSON 数据示例如下所示。

```
{
    "name_list_x": [
        "紫金长安", "橡树湾", "友谊嘉园", "西钓鱼台嘉园", "华清嘉园", "永旺家园",
        "碧水云天", "大牛坊回迁房", "远大园五区", "常青园北里", "缘溪堂",
        "颐源居", "五福玲珑居", "万泉新新家园", "京泉馨苑", "世纪城晨月园",
        "颐慧佳园", "肖家河新村东区", "柳浪家园", "上地东里", "曙光花园望山园",
        "和泓四季"
    ],
    "num_list_y": [
        123, 95, 86, 85, 81, 77, 73, 73, 67, 63, 62, 60, 58, 56, 55, 54,
        52, 49, 48, 48, 46, 44
    ]
}
```

上述代码包含两个 JSON 数组：name_list_x、num_list_y。其中 name_list_x 表示小区名称，存放着 x 轴的数据；num_list_y 表示房源数量，存放着 y 轴的数据。

小区房源数量 TOP20 可视化的接口如表 9-9 所示。

表 9-9　小区房源数量 TOP20 可视化的接口

接口选项	说明
请求页面	detail_page.html
请求方式	GET
请求地址	/get/columndata/<block>
返回数据	JSON 格式的数据

9.4.3　获取小区房源数量 TOP20 数据

获取小区房源数量 TOP20 数据的逻辑为：前端首先向后端发送 AJAX 请求告知其获取哪条街道的房源数据；然后后端到数据库中查询并过滤属于该街道的所有房源数据，将这些房源数据按小区名称进行分组并统计各小区的房源数量；最后将位于前 20 名的小区名称和房源数量组装成指定格式的 JSON 数据，然后将其传给 ECharts 生成图表。接下来，分步骤介绍如何获取小区房源数量 TOP20 数据，具体步骤如下。

（1）在 detail_page.html 文件中，查看发送 AJAX 请求的代码，具体代码如下所示。

```
$.AJAX({
    url: "/get/columndata/{{ house.block }}",
```

```
      type: 'get',
      dataType: 'json',
      success: function (data) {
         column_chart(data['data'])
      }
   });
```

以上代码定义了 AJAX() 方法，该方法用于在详情页呈现柱状图时执行 AJAX 请求。
AJAX()方法中包含多个参数，请求地址为/get/columndata/{{ house.block }}，请求方式为 GET，
响应的数据类型为 JSON 类型，请求成功时调用的函数为 column_chart()。

（2）按照 9.4.2 小节介绍的接口定义视图函数 return_bar_data()，该函数用于将与当前房源
同街道的房源数据进行预处理、变换，返回数据可视化工具 ECharts 要求的 JSON 格式的数据，
具体代码如下所示。

```
1    @detail_page.route('/get/columndata/<block>')
2    def return_bar_data(block):
3        result = House.query.with_entities(House.address,
4                   func.count()).filter(House.block == block).group_by(
5                   House.address).order_by(func.count().desc()).all()
6        name_list = []
7        num_list = []
8        for addr, num in result:
9            residence_name = addr.rsplit('-', 1)[1]
10           name_list.append(residence_name)
11           num_list.append(num)
12       if len(name_list) > 20:
13           data = {'name_list_x': name_list[:20], 'num_list_y': num_list[:20]}
14       else:
15           data = {'name_list_x': name_list, 'num_list_y': num_list}
16       return jsonify({'data': data})
```

在上述代码中，第 3～5 行代码首先调用 filter()方法过滤 House.block 字段值等于 block 的
房源数据；然后调用 group_by()方法按小区名称进行分类，调用 order_by()方法按房源数量对
数据进行降序排列；最后调用 all()方法获取符合要求的全部数据，并赋值给变量 result。

第 6～11 行代码将所有的小区名称存放到 name_list 列表中，将房源数量存放到 num_list
列表中。

第 12～15 行代码使用 if...else 语句分别处理房源数量大于 20、房源数量不大于 20 的情况。
若房源数量大于 20，则会从 name_list 和 num_list 列表中截取前 20 个元素，并按照要求的 JSON
格式进行组装；若房源数量不大于 20，则会直接将 name_list 和 num_list 列表的所有元素按照
要求的 JSON 格式进行组装。

9.4.4　通过柱状图展示小区房源数量 TOP20

当浏览器的 AJAX 请求发送成功后，会调用 column_chart()函数通过 ECharts 绘制柱状图。
在 house 项目的 static/js 目录下，show_column_data.js 文件中存放着 column_chart()函数的代码，
具体代码如下所示。

```
1    function column_chart(data) {
2        var salaru_line = ECharts.init(document.getElementById(
3                                       'scolumn_line'));
4        window.addEventListener('resize', function(){salaru_line.resize();});
```

```
5       var XData = data['name_list_x'];    // x轴的数据
6       var YData = data['num_list_y'];      // y轴的数据
7       var dataMin = parseInt(Math.min.apply(null, YData)/2);
8       var option = {
9          backgroundColor: "#fff",
10         grid: {height: '200px', width: '320px', left: '50px'},
11         xAxis: {
12            axisTick: {show: false},      // 不显示 x轴刻度
13            splitLine: {show: false},     // 不显示分隔线
14            splitArea: {show: false},     // 不显示分隔区域
15            data: XData,                  // 类目数据
16            axisLabel: {
17               formatter: function (value) {
18                  var ret = "";                // 拼接类目项
19                  var maxLength = 1;           // 每项显示的文字数
20                  var valLength = value.length; // x轴类目项的文字数
21                  // 类目项需要换行的行数
22                  var rowN = Math.ceil(valLength / maxLength);
23                  if (rowN > 1){                // 若类目项的文字数大于 1
24                     for (var i = 0; i < rowN; i++) {
25                        var temp = "";           // 存放每次截取的字符串
26                        var start = i * maxLength;   // 开始截取的位置
27                        var end = start + maxLength; // 结束截取的位置
28                        temp = value.substring(start, end) + "\n";
29                        ret += temp; }           // 拼接最终得到的字符串
30                     return ret;
31                  } else {
32                     return value;
33                  }
34               },
35               interval: 0,
36               fontSize: 11,
37               fontWeight: 100,
38               textStyle: {color: '#555',}
39            },
40            axisLine: {lineStyle: {color: '#4d4d4d'}}
41         },
42         yAxis: {
43            name: '房源数量/套',           // 坐标轴名称
44            nameLocation: 'center',       // 坐标轴名称显示的位置
45            nameGap: 35,                  // 坐标轴名称与轴线的距离
46            axisTick: {show: false},
47            splitLine: {show: false},
48            splitArea: {show: false},
49            min: dataMin,
50            axisLabel: {textStyle: {color: '#9faeb5', fontSize: 12,}},
51            axisLine: {lineStyle: {color: '#4d4d4d'}}
52         },
53         "tooltip": {"trigger": "item",
```

```
54                    "textStyle": {"fontSize": 12},
55                    "formatter": "{b0}: {c0}套"
56              },
57          series: [{
58              type: "bar",
59              itemStyle: {
60                  normal: {
61                      color: {
62                          type: 'linear', x: 0, y: 0, x2: 0, y2: 1,
63                          colorStops: [{offset: 0, color: '#00d386'},
64                                       {offset: 1, color: '#0076fc'}],
65                          globalCoord: false
66                      },
67                      barBorderRadius: 15,
68                  }
69              },
70              data: YData
71              label: {show: true, position: 'top', "fontSize": 10}
72          }]
73      };
74      salaru_line.setOption(option, true);
75  }
```

在上述代码中，第 5～6 行代码使用变量 XData 和 YData 分别保存小区名称和小区房源数据，第 8～73 行代码通过配置项设置了图表元素的样式。

其中第 9～10 行代码通过 backgroundColor 和 grid 配置项分别设置了图表的背景颜色和网格；第 11～41 行代码通过配置项 xAxis 设置了 x 轴的相关内容，包括刻度、分隔线、分隔区域、类目数据、刻度标签、轴线等；第 42～52 行代码通过 yAxis 配置项设置了 y 轴的相关内容，包括坐标轴名称及其显示的位置、刻度标签和轴线等；第 53～56 行代码通过 tooltip 配置项设置了提示框的相关内容，包括触发类型、浮层内容格式器、浮层的文本样式，浮层内容的格式为"{b0}: {c0}套"，其中 b0 代表小区名称、c0 代表小区房源数量；第 57～72 行代码通过 series 配置项设置了图表的相关内容，如图表类型为柱状图，还设置了矩形条的样式和 y 轴的数据。

重启开发服务器，刷新 ID 为 1 的详情页，可以看到该页面的右方会展示一个柱状图，不过柱状图标题中的名称是"顺义-顺义城"而不是"朝阳-朝阳公园"。

此时，我们需要对 detail_page.html 文件中设置柱状图标题的 HTML 代码进行修改，使该标题中的名称跟随房源数据同步修改。修改的代码如下述加粗部分所示。

```
<div class="col-lg-12 col-md-12 mx-auto attribute-header">
    <h4><i class="fa fa-align-right" aria-hidden="true"></i>  {{
        house.block }} 小区房源数量 TOP20</h4>
    <div class="attribute-header-tip-line">
        <span>关注房源数量，了解房源热点</span>
    </div>
</div>
```

重启开发服务器，再次刷新当前房源的详情页，可以看到柱状图标题由"顺义-顺义城"变成了"朝阳-朝阳公园"。

9.5　户型价格走势可视化

户型价格走势可视化功能用于统计当前房源所属街道 1 室 1 厅、2 室 1 厅、2 室 2 厅、3 室 2 厅这 4 种户型房源的平均价格（价格/面积），并通过折线图展示近 14 天（从最新发布时间开始往前推 14 天）这 4 种户型房源的价格走势，方便用户了解当前街道这 4 种户型房源的市场行情。接下来，本节将对户型价格走势可视化功能的相关内容进行讲解。

9.5.1　户型价格走势可视化的功能说明

户型价格走势可视化的折线图如图 9-13 所示。

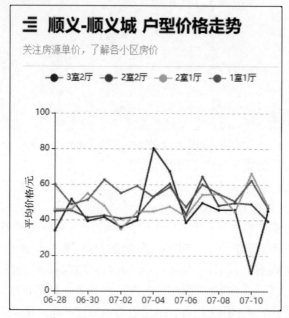

图 9-13　户型价格走势可视化的折线图

从图 9-13 中可以看出，每条线代表着一种户型，线条上方的圆点代表当天房源的平均价格。

若希望绘制图 9-13 所示的折线图，则需要准备 1 室 1 厅、2 室 1 厅 、2 室 2 厅、3 室 2 厅这 4 种户型房源的平均价格，以及由发布时间构成的时间序列。户型价格走势可视化功能的实现流程遵循数据可视化的基本流程，如图 9-14 所示。

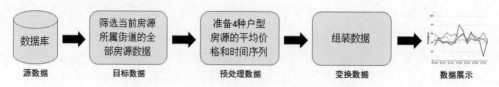

图 9-14　户型价格走势可视化功能的实现流程

关于图 9-14 中各环节的说明如下。

（1）源数据：数据库的 house_info 表中存放着所有房源的数据。

（2）目标数据：从数据库的 house_info 表中筛选出与当前房源属于同一街道的全部房源数据。

（3）预处理数据：将 1 室 1 厅、2 室 1 厅 、2 室 2 厅、3 室 2 厅这 4 种户型的房源数据按照发布时间进行分类，计算这 4 种户型房源近 14 天的平均价格，并准备由发布时间构成的时间序列。

（4）变换数据：将 4 种户型的平均价格和时间序列按照 ECharts 的要求变换成指定格式的数据。

（5）数据展示：通过数据可视化工具 ECharts 将平均价格和时间序列绘制成折线图。

9.5.2 户型价格走势可视化的接口设计

为了确保详情页可以正确显示折线图，我们需要提前明确户型价格走势可视化的接口信息。接下来，分别从请求页面、请求方式、请求地址和返回数据这 4 个方面来介绍设计户型价格走势可视化的接口，具体内容如下。

（1）请求页面

详情页通过模板文件 detail_page.html 进行呈现。

（2）请求方式

由于户型价格走势可视化功能的后端逻辑只涉及数据获取，不涉及数据提交，所以请求方式为 GET。

（3）请求地址

后端需要筛选出与当前房源属于同一街道的全部房源数据，因此将街道名称作为路由参数传递给视图。请求地址定义为/get/brokenlinedata/<block>，其中 block 表示当前房源所属的街道。

（4）返回数据

后端需要向前端传递平均价格和时间序列，由于前端规定使用 JSON 格式的数据，所以后端需要按照指定的格式将平均价格和时间序列组装成 JSON 数据。JSON 数据示例如下所示。

```
{
    "data": {
        "2室1厅": [50.6, 45.32, ...],
        "1室1厅": [48.36, 51.08, ...],
        "2室2厅": [48.34, 59.42, ...],
        "3室2厅": [48.28, 48.14, ...]
        'date_li': ['06-28', '06-29', '06-30', ...]
    }
}
```

在上述代码中，data 对象中包含 5 个 JSON 对象，前 4 个 JSON 对象的键表示 4 种户型，值为数组，数组中存放着近 14 天对应户型房源的平均价格；最后一个 JSON 对象的键为 date_li，表示时间序列，存放着房源的发布时间。

户型价格走势可视化的接口如表 9-10 所示。

表 9-10　户型价格走势可视化的接口

接口选项	说明
请求页面	detail_page.html
请求方式	GET
请求地址	/get/brokenlinedata/<block>
返回数据	JSON 格式的数据

9.5.3　获取平均价格和时间序列

获取平均价格和时间序列的逻辑如下。

（1）获取平均价格。前端首先向后端发送 AJAX 请求告知其获取哪条街道的房源数据，后端需要到数据库中查询并过滤该街道上 1 室 1 厅、2 室 1 厅 、2 室 2 厅、3 室 2 厅这 4 种户型的房源数据，然后将这些数据按照发布时间进行排序并计算平均价格，最后取出近 14 天的平均价格。

（2）获取时间序列。前端首先向后端发送 AJAX 请求告知其获取哪条街道的房源数据，后端需要到数据库中查询并过滤当前房源所属街道的房源发布时间，由于发布时间表示为秒数，所以这里将发布时间的格式转换为"×月×日"，并将其添加到列表中。

有了平均价格和时间序列后，便可以将平均价格和时间序列组装成指定格式的 JSON 数据然后传给 ECharts 生成图表。

接下来，分步骤介绍如何获取平均价格和时间序列，具体步骤如下。

（1）在 detail_page.html 文件中，查看发送 AJAX 请求的代码，具体代码如下所示。

```
$.AJAX({
    url: "/get/brokenlinedata/{{ house.block }}",
    type: 'get',
    dataType: 'json',
    success: function (data) {
        broken_line_chart(data['data'])
    }
});
```

以上代码定义了 AJAX() 方法，该方法用于在详情页呈现折线图时执行 AJAX 请求。AJAX()方法中包含多个参数，请求地址为/get/brokenlinedata/{{ house.block }}，请求方式为 GET，响应的数据类型为 JSON 类型，请求成功时调用的函数为 broken_line_chart()。

（2）按照 9.5.2 小节介绍的接口定义视图函数 return_brokenline_data()，该函数用于将近 14 天同一街道 1 室 1 厅、2 室 1 厅、2 室 2 厅、3 室 2 厅这 4 种户型房源的平均价格和时间序列进行预处理、变换，返回数据可视化工具 ECharts 要求的 JSON 格式的数据，具体代码如下所示。

```
1  @detail_page.route('/get/brokenlinedata/<block>')
2  def return_brokenline_data(block):
3      # 时间序列
4      time_stamp = House.query.filter(House.block ==
5              block).with_entities(House.publish_time).all()
6      time_stamp.sort(reverse=True)
7      date_li = []
```

```
8       for i in range(1, 14):
9           latest_release = datetime.fromtimestamp(int(time_stamp[0][0]))
10          day = latest_release + timedelta(days=-i)
11          date_li.append(day.strftime("%m-%d"))
12      date_li.reverse()
13      # 1室1厅的户型
14      result = House.query.with_entities(func.avg(
15              House.price / House.area)).filter(House.block == block,
16              House.rooms == '1室1厅').group_by(
17              House.publish_time).order_by(House.publish_time).all()
18      data = []
19      for i in result[-14:]:
20          data.append(round(i[0], 2))
21      # 2室1厅的户型
22      result1 = House.query.with_entities(
23              func.avg(House.price / House.area)).filter(
24              House.block == block, House.rooms == '2室1厅').group_by(
25              House.publish_time).order_by(House.publish_time).all()
26      data1 = []
27      for i in result1[-14:]:
28          data1.append(round(i[0], 2))
29      # 2室2厅的户型
30      result2 = House.query.with_entities(func.avg(
31              House.price / House.area)).filter(House.block == block,
32              House.rooms == '2室2厅').group_by(
33              House.publish_time).order_by(House.publish_time).all()
34      data2 = []
35      for i in result2[-14:]:
36          data2.append(round(i[0], 2))
37      # 3室2厅的户型
38      result3 = House.query.with_entities(func.avg(
39              House.price / House.area)).filter(House.block == block,
40              House.rooms == '3室2厅').group_by(
41              House.publish_time).order_by(House.publish_time).all()
42      data3 = []
43      for i in result3[-14:]:
44          data3.append(round(i[0], 2))
45      return jsonify({'data': {'1室1厅': data, '2室1厅': data1,
46                              '2室2厅': data2, '3室2厅': data3,
47                              'date_li': date_li}})
```

在上述代码中，第 4～12 行代码用于获取时间序列。其中第 4～5 行代码通过 filter()函数过滤了与当前房源属于同一街道的房源数据，通过 with_entities()函数获取了 publish_time 列的数据，将该列数据进行降序排列后赋值给变量 time_stamp；第 7～11 行代码定义了一个空列表 date_li，之后将 time_stamp 保存的秒数转换为"×月×日"格式的数据并添加到 date_li 列表中。

第 14～20 行代码统计了户型为 1 室 1 厅房源近 14 天的平均价格。其中，第 14～17 行代码首先调用 filter()函数过滤了与当前房源属于同一街道，且户型为 1 室 1 厅的房源数据；然后调用 group_by()函数将这些房源数据按照发布时间 House.publish_time 进行分组，调用

order_by()函数按照发布时间进行升序排列，计算平均价格；最后调用 all()函数得到所有符合要求的数据，并赋值给变量 result。

此时，result 以列表的形式保存了 1 室 1 厅户型房源自发布以来的全部平均价格，该列表开头的平均价格是发布时间较早的价格，末尾的平均价格是发布时间较晚的价格。

第 18～20 行代码遍历取出列表末尾的 14 条数据，将这 14 条数据进行四舍五入并保留两位小数后保存到 data 中。

第 22～47 行代码按照相同的逻辑，分别统计了户型为 2 室 1 厅、2 室 2 厅、3 室 2 厅房源近 14 天的平均价格，并将其分别保存到变量 data1、data2、data3 中。

9.5.4 通过折线图展示户型价格走势

当浏览器的 AJAX 请求发送成功后，会调用 broken_line_chart()函数通过 ECharts 绘制折线图。在 house 项目的 static/js 目录下，show_broken_line_data.js 文件中存放着 broken_line_chart()函数的代码，具体代码如下所示。

```
1   function broken_line_chart(data) {
2       var salaru_line = ECharts.init(document.getElementById(
3                       'broken_line'), 'infographic');
4       window.addEventListener('resize', function () {
5           salaru_line.resize();
6       });
7       var Data1 = data['3室2厅'];
8       var Data2 = data['2室2厅'];
9       var Data3 = data['2室1厅'];
10      var Data4 = data['1室1厅'];
11      EChartsDate = [];
12      for (var i = 0; i < data['date_li'].length; i++) {
13          d = data['date_li'][i]
14          EChartsDate.push(d);
15      }
16      var option = {
17          tooltip: {trigger: 'axis'},
18          legend: {data: ['3室2厅', '2室2厅', '2室1厅', '1室1厅']},
19          grid: {
20              containLabel: true, left: '5%', right: '4%', bottom: '3%',
21          },
22          xAxis: {
23              type: 'category', boundaryGap: false, data: EChartsDate
24          },
25          yAxis: {
26              type: 'value',
27              name: '平均价格/元',
28              nameLocation: 'center',
29              nameGap: 30,
30              axisLine:{show:true}
31          },
32          series: [
33              {name:'3室2厅', type:'line', data:Data1},
```

```
34                {name:'2室2厅', type:'line', data:Data2},
35                {name:'2室1厅', type:'line', data:Data3},
36                {name:'1室1厅', type:'line', data:Data4}
37          ]
38      };
39      salaru_line.setOption(option, true);
40  }
```

重启开发服务器，刷新 ID 为 1 的详情页，可以看到该页面的右方会展示一个折线图，不过折线图标题中的名称是"顺义-顺义城"而不是"朝阳-朝阳公园"。

此时，我们需要对 detail_page.html 文件中设置折线图标题的 HTML 代码进行修改，使该标题中的名称跟随房源数据同步修改。修改的代码如下述加粗部分所示。

```
<div class="col-lg-12 col-md-12 mx-auto attribute-header">
  <h4><i class="fa fa-align-right" aria-hidden="true"></i>  
      {{ house.block }} 户型价格走势</h4>
  <div class="attribute-header-tip-line">
      <span>关注房源单价，了解各小区房价</span>
  </div>
</div>
```

重启开发服务器，再次刷新当前房源的详情页，可以看到折线图标题由"顺义-顺义城"变成了"朝阳-朝阳公园"。

9.6　预测房价走势可视化

预测房价走势可视化功能用于统计最近一个月当前房源所属街道范围内所有房源的平均价格，通过散点图中的圆点展示房源平均价格与日期的关系，并使用回归线展示平均价格的走势，方便用户了解当前街道房源的市场行情。接下来，本节将对预测房价走势可视化功能的相关内容进行讲解。

9.6.1　线性回归算法

线性回归是一种应用极为广泛的统计分析方法，该方法利用数理统计中的回归分析来确定两种或两种以上变量间相互依赖的定量关系。在回归分析中，若只有一个自变量和一个因变量，且二者的关系可使用一条直线近似表示，则称为一元线性回归分析；若有两个或两个以上的自变量，且因变量和自变量之间是线性关系，则称为多元线性回归分析。线性回归的表达式如下：

$$y = w'x + e$$

在上述表达式中，y 表示因变量，w 表示回归系数，x 表示自变量，e 为误差且其服从均值为 0 的正态分布。

为加深大家对线性回归的理解，此处借用一个形象的例子进行介绍。假设某公司去年各月产品销售额以及投入的广告费具体如表 9-11 所示。

表 9-11　某公司去年各月产品销售额以及投入的广告费

月份	广告费/万元	销售额/万元
1 月	4	9
2 月	8	20
3 月	9	22
4 月	8	15
5 月	7	17
6 月	12	23
7 月	6	18
8 月	10	25
9 月	6	10
10 月	9	20
11 月	10	20
12 月	6	17

　　观察表 9-11 可知，我们很难直观且快速地了解广告费和销售额的关系，以及进一步探索两者的变化规律。为了解决这个问题，我们可以根据表 9-11 罗列的数据绘制一个散点图，并利用线性回归算法制作一条拟合直线，使这条直线尽可能符合广告费和销售额数据的分布情况。广告费和销售额的散点图如图 9-15 所示。

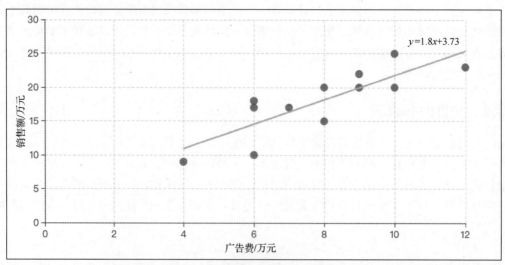

图 9-15　广告费和销售额的散点图

　　在图 9-15 中，每个圆点在直角坐标系中的位置是由广告费（单位：万元）和销售额（单位：万元）的值决定的，它的 x 值和 y 值分别为广告费和销售额；直线是利用线性回归算法绘制的，该直线以广告费为自变量，销售额为因变量，描述了广告费和销售额的变化规律，即从一定程度上来说每个月投入的广告费越多，则销售额越高。

　　那么，这条直线是如何绘制出来的呢？其实一元线性回归有自变量和因变量，图 9-15 中的广告费对应 x 轴，代表的是自变量，销售额对应 y 轴，代表的是因变量，也就是说，此时可以根据每个月广告费和销售额绘制圆点，这个点的 y 值称为 y 实际，直线上的 y 值称为 y 预测。我们可以根据下面的表达式计算每个 y 实际与 y 预测之差的平方和：

```
(Y1 实际-Y1 预测)^2 + (Y2 实际-Y2 预测)^2 +…+(Yn 实际-Yn 预测)^2
```

　　在上述表达式中，(Y1 实际-Y1 预测)^2 表示计算第一个圆点与直线的垂直距离的平方，(Y2 实际-Y2 预测)^2 表示计算第二个圆点与直线的垂直距离的平方，以此类推，在计算出最后一个圆点与直线的垂直距离的平方后，求所有平方的和，便可以绘制一条直线描述回归线，这条回归线的特点是实际的点与预测的点的距离的和是最小的。

　　当我们输入一个新的 x 值时，程序会根据绘制的直线返回预测的 y 值，也就是该 x 值所在的延长线与直线交叉的点的 y 值。

9.6.2　认识 scikit-learn 库

　　通过前面的介绍我们可以知道，实现线性回归算法是一个较为复杂的功能，涵盖一些与数理统计相关的知识，若由开发人员自行实现线性回归算法通常会花费大量的开发时间。为了减少开发人员的工作量，Python 的 scikit-learn 库封装了线性回归的相关方法。

　　scikit-learn 是一个专门针对机器学习应用而开发的开源库，该库由社区成员自发维护，并不断地拓展机器学习领域涵盖的功能。scikit-learn 依赖于 NumPy、pandas、SciPy，它不仅支持分类、回归、降维和聚类等算法，还提供了特征提取、数据处理、模型评估三方面的模块，在机器学习领域颇受欢迎。

　　不过，在使用 scikit-learn 进行开发之前，需要确保当前的虚拟环境中已经安装了 scikit-learn 库以及依赖项，包括 NumPy、pandas、SciPy 和 scikit-learn，关于它们的安装命令如下所示。

```
pip install scikit-learn==1.0.1
pip install numpy==1.21.4
pip install pandas==1.3.4
pip install scipy==1.7.3
pip install sklearn
```

　　以上命令依次执行后，可以使用"pip list"命令查看当前的虚拟环境中是否有 scikit-learn 库以及依赖项，若有则说明安装成功。

　　scikit-learn 库内置了众多子模块，linear_model 表示线性模型子模块，该模块中封装了多个线性模型。通过 sklearn.linear_model 模块实现线性回归功能一般需要以下 4 步。

　　（1）导入线性回归模型。

　　（2）创建线性回归模型。

　　（3）训练线性回归模型。

　　（4）预测新样本。

　　关于上述每个步骤的介绍如下。

1．导入线性回归模型

　　sklearn.linear_model 模块中提供了一个 LinearRegression 类，该类用于构造线性回归模型，它封装了线性回归模型的相关功能。我们需要在程序中通过 sklearn，linear_model 模块导入

LinearRegression 类。

导入线性回归模型的示例代码如下所示。

```
from sklearn.linear_model import LinearRegression
```

2. 创建线性回归模型

如果希望得到一个线性回归模型，我们需要通过 LinearRegression 类的构造方法实例化 LinearRegression 类的对象。LinearRegression 类的构造方法的语法格式如下所示。

```
LinearRegression(*, fit_intercept=True, normalize='deprecated', copy_X=True, n_jobs=None, positive=False)
```

上述方法中各参数的含义如下。

• fit_intercept：表示是否计算模型的截距（分为横截距和纵截距，横截距用直线与 x 轴交点的横坐标表示，纵截距用直线与 y 轴交点的纵坐标表示），默认值为 True。

• normalize：表示是否将数据进行归一化（一种简化计算的方式，即将有量纲的表达式变换为无量纲的表达式，使之成为标量），默认值为 False。注意，normalize 参数已在 scikit-learn1.0 版本中弃用，将在 1.2 版本中删除。

• copy_X：表示是否复制 x 轴的数据，默认值为 True。若设为 False，则 x 轴的数据会被覆盖。

• n_jobs：表示使用中央处理器（Central Processing Unit，CPU）的数量，默认值为 1。

• positive：表示强制系数是否为正，默认值为 False。

3. 训练线性回归模型

为了能够得到准确的预测值，需要根据数据训练线性回归模型。LinearRegression 类提供了一个用于训练模型的 fit()方法，fit()方法的语法格式如下所示。

```
fit(X, y, sample_weight=None)
```

上述方法中各参数的含义如下。

• X：表示训练的数据，该参数的值可以为数组或稀疏矩阵（在矩阵中，若数值为 0 的元素数目远远多于非 0 的元素数目，并且非 0 元素分布没有规律，则称该矩阵为稀疏矩阵）。

• y：表示目标值。

• sample_weight：表示每个样本单独的权重。

4. 预测新样本

结合前面训练的线性回归模型，便可以预测新样本对应的值。LinearRegression 类提供了用于预测新样本的 predict()方法，predict()方法的语法格式如下所示。

```
predict(X)
```

上述方法的参数 x 表示新样本，该参数的值可以为数组或稀疏矩阵。

接下来，以表 9-11 中的广告费和销售额的数据为例，为大家演示如何使用 scikit-learn 库实现预测销售额的功能，具体代码如下所示。

```
1  # 导入线性回归模型
2  from sklearn.linear_model import LinearRegression
3  import numpy as np
4  # 基于线性回归模型实现预测功能的函数
5  def linear_model_main(X_parameter, Y_parameter, predict_value):
6      # 创建线性回归模型
7      regr = LinearRegression()
```

```
8       #  训练线性回归模型
9       regr.fit(X_parameter, Y_parameter)
10      #  预测新样本
11      predict_value = np.array([predict_value]).reshape(-1, 1)
12      predict_outcome = regr.predict(predict_value)
13      #  返回预测的新值
14      return predict_outcome
15  if __name__ == '__main__':
16      #  广告费和销售额
17      x_data = [[4], [8], [9], [8], [7], [12], [6], [10], [6], [9] , [10], [6]]
18      y_data = [9, 20, 22, 15, 17, 23, 18, 25, 10, 20, 20, 17]
19      predict_value = 6    #  新样本值
20      predict_outcome = linear_model_main(x_data, y_data, predict_value)
21      print('预测结果:', predict_outcome)
```

在上述代码中，第 5~14 行代码定义了一个基于线性回归模型实现预测功能的函数 linear_model_main()，该函数需要接收 X_parameter、Y_paramter 和 predict_value 共 3 个参数。其中 X_parameter 和 Y_paramter 表示训练样本数据，predict_value 表示新样本值。

linear_model_main()函数中首先创建了线性回归模型 regr，然后基于 X_parameter 和 Y_parameter 训练线性回归模型，最后调用 predict()方法预测新样本 predict_value 的结果。

第 17~18 行代码定义了两个变量 x_data 和 y_data，分别保存了待训练的广告费和销售额数据；第 19 行代码定义了一个变量 predict_value，该变量保存了新样本值 6；第 20 行代码调用 linear_model_main()函数基于训练的线性回归模型预测了新样本值。

运行代码，结果如下所示。

```
预测结果: 14.544764795144157
```

将上述代码中变量 predict_value 的值修改为 8，再次运行代码，结果如下所示。

```
预测结果: 18.150227617602425
```

观察图 9-15 中的回归线可知，当回归线上某个点的 X 坐标值为 6 时，则目测 Y 坐标值约为 14，接近第 1 次输出的结果 14.544764795144157；当回归线上某个点的 x 坐标值为 8 时，则目测 y 坐标值约为 18，接近第 2 次输出的结果 18.150227617602425。由此可见，我们利用线性回归模型成功实现了预测销售额的功能。

9.6.3　后端逻辑的分析与实现

预测房价走势可视化的散点图如图 9-16 所示。

从图 9-16 中可以看出，所有圆点描述了近一个月房源平均价格与日期的关系，回归线描述了房源平均价格的走势。

后端主要负责计算近一个月当前房源所属街道范围内全部房源的平均价格，以及由发布时间构成的时间序列，之后将平均价格和时间序列传递给前端，由前端绘制散点图。接下来，从接口设计、代码实现这 2 个方面来介绍实现预测房价走势可视化功能的后端逻辑，具体内容如下。

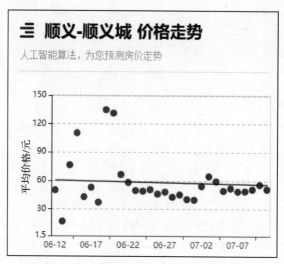

图 9-16　预测房价走势可视化的散点图

1. 接口设计

为了确保详情页可以正确显示散点图，我们需要提前明确预测房价走势可视化的接口信息。接下来，分别从请求页面、请求方式、请求地址和返回数据这 4 个方面来介绍预测房价走势可视化的接口的设计，具体内容如下。

（1）请求页面

详情页通过模板文件 detail_page.html 进行呈现。

（2）请求方式

由于预测房价走势可视化功能的后端逻辑只涉及数据获取，不涉及数据提交，所以请求方式为 GET。

（3）请求地址

后端需要筛选出与当前房源属于同一街道的全部房源数据，处理请求时需要明确具体的街道名称，因此请求地址定义为/get/scatterdata/<block>，其中 block 表示当前房源所属的街道。

（4）返回数据

后端需要向前端传递平均价格和时间序列，由于前端规定使用 JSON 格式的数据，所以后端需要按照指定的格式将平均价格和时间序列组装成 JSON 数据。JSON 数据示例如下所示。

```json
{
    "data": [
        [0, 85], [1, 110], [2, 105], [3, 87], [4, 84], [5, 86],
        [6, 74], [7, 67], [8, 91], [9, 76], [10, 63], [11, 68],
        [12, 80], [13, 93], [14, 115], [15, 72], [16, 81], [17, 88],
        [18, 121], [19, 91]
    ]
}
```

在上述代码中，JSON 数组中包含多个形式如[a,b]的数组，其中 a 表示日期，b 表示房源的平均价格。

预测房价走势可视化的接口如表 9-12 所示。

表 9-12　预测房价走势可视化的接口

接口选项	说明
请求页面	detail_page.html
请求方式	GET
请求地址	/get/scatterdata/<block>
返回数据	JSON 格式的数据

2. 代码实现

后端的实现逻辑主要分为以下两种情况。

（1）获取平均价格。前端首先向后端发送 AJAX 请求告知其获取哪条街道的房源数据，后端需要到数据库中查询并过滤该街道的全部房源数据，然后将这些房源数据按照发布时间进行分组，计算每个分组的平均价格，最后取出近 1 个月的平均价格。

（2）获取时间序列。前端首先向后端发送 AJAX 请求告知其获取哪条街道的房源数据，后端需要到数据库中查询并过滤该街道全部房源的发布时间，由于发布时间表示为秒数，所以这里将发布时间的格式转换为"×月×日"，并将其添加到列表中。

有了平均价格和时间序列后，便可以将平均价格和时间序列组装成指定格式的 JSON 数据然后传给 ECharts 生成图表。接下来，分步骤介绍如何获取平均价格和时间序列，具体步骤如下。

（1）在 detail_page.html 文件中，查看发送 AJAX 请求的代码，具体代码如下所示。

```
$.AJAX({
    url: "/get/scatterdata/{{ house.block }}",
    type: 'get',
    dataType: 'json',
    success: function (data) {
        getdata1(data['data']);
    }
});
```

以上代码定义了 AJAX() 方法，该方法用于在详情页呈现散点图时执行 AJAX 请求。AJAX()方法中包含多个参数，请求地址为/get/scatterdata/{{ house.block }}，请求方式为 GET，响应的数据类型为 JSON 类型，请求成功时调用的函数为 getdata1()。

（2）按照前面设计的接口定义视图函数 return_scatter_data()，该函数用于将近 1 个月同一街道全部房源的平均价格和时间序列进行预处理、变换，返回数据可视化工具 ECharts 要求的 JSON 格式的数据，具体代码如下所示。

```
1    @detail_page.route('/get/scatterdata/<block>')
2    def return_scatter_data(block):
3        # 获取时间序列
4        result = House.query.with_entities(func.avg(House.price /
5                House.area)).filter(House.block == block).group_by(
6                House.publish_time).order_by(House.publish_time).all()
7        time_stamp = House.query.filter(
8                House.block == block).with_entities(House.publish_time).all()
9        time_stamp.sort(reverse=True)
```

```
10      date_li = []
11      for i in range(1, 31):
12          latest_release = datetime.fromtimestamp(int(time_stamp[0][0]))
13          day = latest_release + timedelta(days=-i)
14          date_li.append(day.strftime("%m-%d"))
15      date_li.reverse()
16      # 获取平均价格
17      data = []
18      x = []
19      y = []
20      for index, i in enumerate(result):
21          x.append([index])
22          y.append(round(i[0], 2))
23          data.append([index, round(i[0], 2)])
24      # 对未来的价格进行预测
25      predict_value = len(data)
26      predict_outcome = linear_model_main(x, y, predict_value)
27      p_outcome = round(predict_outcome[0], 2)
28      # 将预测的数据添加到 data 中
29      data.append([predict_value, p_outcome])
30      return jsonify({'data': {'data-predict': data, 'date_li': date_li}})
```

9.6.4 通过散点图展示预测房价走势

当浏览器的 AJAX 请求发送成功后，会调用 getdata1()函数通过 ECharts 绘制散点图。在 house 项目的 static/js 目录下，f_data.js 文件中存放着 getdata1()函数的代码，具体代码如下所示。

```
1   function getdata1(data) {
2     var center1 = ECharts.init(document.getElementById('f_line'),
3                 'infographic');
4     window.addEventListener('resize', function () {
5         center1.resize();
6     });
7     var myRegression = ecStat.regression('linear', data['data-predict']);
8     myRegression.points.sort(function (a, b) {
9         return a[0] - b[0];
10    });
11    EChartsDate = [];
12    for (var i = 0; i < data['date_li'].length; i++) {
13        d = data['date_li'][i]
14        EChartsDate.push(d);
15    }
16    option = {
17        tooltip: {trigger: 'axis', axisPointer: {type: 'cross'}},
18        grid: {
19            show: true,          // 显示直角坐标系的网格
20            left: '5%',          // 网格离容器左侧的距离
21            containLabel: true,   // 网格区域不包含坐标轴的刻度标签
22            right:'0%', top:'10%'
23        },
24        xAxis: {
```

```
25              type: 'category', height: '100px',
26              splitLine: {lineStyle: {type: 'dashed'}},
27              data:EChartsDate
28          },
29        yAxis: {
30              type: 'value', min: 1.5, splitLine: {lineStyle: {type: 'dashed'}},
31              name: '平均价格/元', nameLocation: 'center', nameGap: 30,
32              axisLine: {show:true}
33          },
34        series: [{
35              name: '分散值(实际值)', type: 'scatter',
36              label: {
37                  emphasis: {show: true, position: 'left',
38                      textStyle: {color: 'blue', fontSize: 12}
39                  }
40              },
41              data: data['data-predict']
42          }, {
43              name: '线性值(预测值)', type: 'line',
44              showSymbol: false, data: myRegression.points,
45              markPoint: {
46                  itemStyle: {normal: {color: 'transparent'}},
47                  label: {
48                      normal: {show: true, position: 'left',
49                          formatter: myRegression.expression,
50                          textStyle: {color: '#333', fontSize: 12}
51                      }
52                  },
53                  data: [{
54                      coord: myRegression.points[myRegression.points.length - 1]
55                  }]
56              }
57          }]
58      };
59      center1.setOption(option, true);
60  }
```

　　重启开发服务器，刷新 ID 为 1 的详情页，可以看到该页面的右方会展示一个散点图，不过散点图标题中的名称是"顺义-顺义城"而不是"朝阳-朝阳公园"。

　　此时，我们需要对 detail_page.html 文件中设置散点图标题的 HTML 代码进行修改，使该标题中的名称跟随房源数据同步修改。修改的代码如下述加粗部分所示。

```
<div class="col-lg-12 col-md-12 mx-auto attribute-header">
    <h4><i class="fa fa-align-right" aria-hidden="true"></i>  
    {{ house.block }} 价格走势</h4>
    <div class="attribute-header-tip-line">
        <span>人工智能算法，为您预测房价走势</span>
    </div>
</div>
```

　　重启开发服务器，再次刷新当前房源的详情页，可以看到散点图标题由"顺义-顺义城"变成了"朝阳-朝阳公园"。

9.7　本章小结

本章讲解了智能租房项目详情页的相关功能，包括详情页房源数据展示、利用 ECharts 实现数据可视化、户型占比可视化、小区房源数量 TOP20 可视化、户型价格走势可视化、预测房价走势可视化。希望通过学习本章的内容，读者能够掌握详情页模块的功能逻辑，并能实现相关功能。

9.8　习题

简答题

1. 简述详情页房源数据展示功能的实现逻辑。
2. 简述 ECharts 的基本用法。

第 **10** 章

智能租房——用户中心

学习目标

◆ 掌握用户注册功能的逻辑，能够独立编写代码实现用户注册功能

◆ 掌握用户中心页展示功能的逻辑，能够实现在用户中心页上展示账号信息、收藏记录和浏览记录

◆ 掌握用户登录与退出的逻辑，能够实现用户登录与退出功能

◆ 掌握账号信息修改的逻辑，能够实现账号信息修改功能

◆ 掌握收藏和取消收藏房源信息功能的逻辑，能够实现收藏和取消收藏房源信息功能

◆ 掌握添加浏览记录和清空浏览记录功能的逻辑，能够实现用户浏览记录管理功能

◆ 了解协同过滤算法，能够表述基于物品的协同过滤算法和基于用户的协同过滤算法的核心思想

◆ 了解皮尔逊相关系数，能够结合皮尔逊相关系数的值表述相关性

◆ 掌握智能推荐的逻辑，能够使用基于用户的协同过滤算法实现智能推荐功能

大多数网站会设立用户账号，用户可以通过账号向系统服务进行身份验证，并获取相关权限。智能租房项目的用户中心模块依赖用户账号，该模块中提供了一系列与用户相关的功能，包括用户注册、用户中心页展示、用户登录与退出、账号信息修改、收藏和取消收藏房源信息、用户浏览记录管理，以及基于用户浏览行为的智能推荐功能。本章将对这几个功能的逻辑和实现进行介绍。

拓展阅读

10.1 用户注册

用户注册是网站中的常见功能，网站可以通过用户账号来保存用户的基本信息，从而方便用户访问及查阅自己的信息。接下来，本节将从功能说明、后端实现和前端实现这几个方面对智能租房项目的用户注册功能进行介绍。

10.1.1 用户注册的功能说明

在智能租房项目的导航栏上方提供了"登录"按钮，用户单击"登录"按钮后页面会弹出登录对话框，如图 10-1 所示。

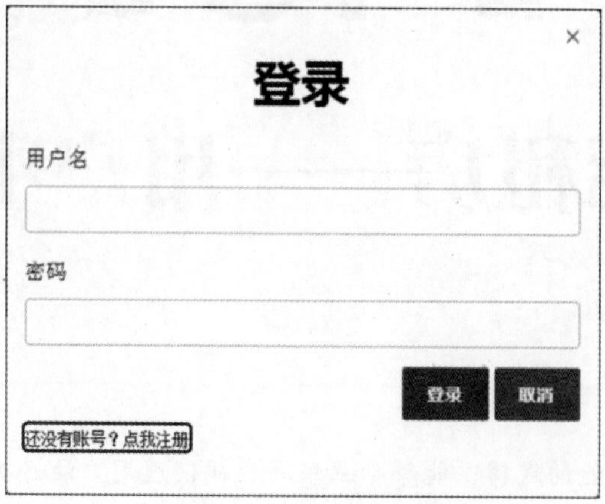

图 10-1 登录对话框

单击图 10-1 所示对话框中的"还没有账号？点我注册"链接文本，会弹出注册对话框，如图 10-2 所示。

图 10-2 注册对话框

对于图 10-2 所示的对话框，用户需要严格按照网站的要求填写用户名、密码、再次输入密码和邮箱这 4 项信息，这 4 项信息均不能为空。其中用户名必须是 6～15 位字母或数字，且不能与其他用户名重复；密码至少是 6 位字母或数字，且不能与用户名相同，再次输入的密码内容必须与它一致；邮箱必须符合正确的邮箱地址格式。

当用户填写完毕之后，单击图 10-2 所示对话框中的"提交"按钮，则会对用户提交的注册信息进行验证，具体可以分前端验证和后端验证两种情况。

* 前端验证的实现逻辑：浏览器验证用户填写的注册信息是否符合网站规定，若符合规定，则会向后端发送注册请求，由后端进一步验证注册信息；若不符合规定，则会在注册对话框中的相应位置提示错误信息。

* 后端验证的实现逻辑：智能租房项目的注册视图会对注册信息进行校验。若校验成功，则会将注册信息存储到数据库中；若校验失败，则会响应错误信息。

当用户填写的用户名长度和邮箱格式不符合网站要求时，注册对话框提示的错误信息如图 10-3 所示。

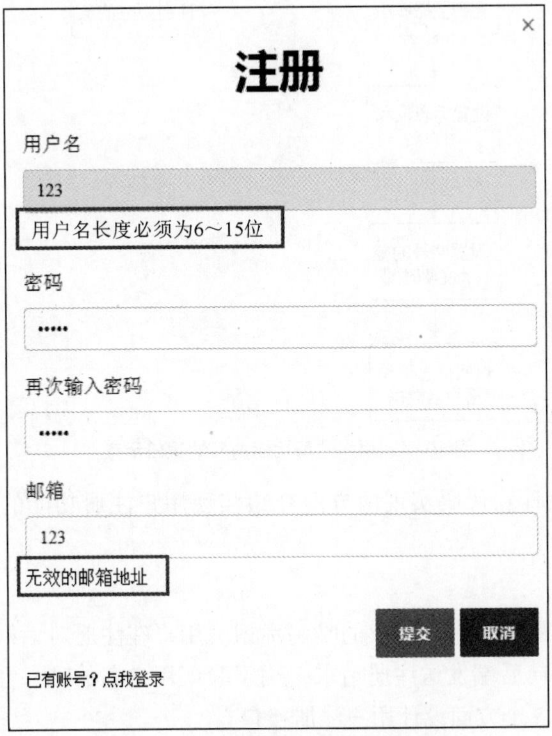

图 10-3　注册对话框提示的错误信息

当用户填写的注册信息通过验证后，页面会跳转至用户中心页。需要说明的是，本项目提供的静态文件 login.js 已经实现了用户注册功能的前端逻辑，包括验证用户名、密码、再次输入密码和邮箱信息；后端逻辑主要是对用户名的唯一性进行验证，保证用户名不重复。

10.1.2　用户注册的后端实现

用户注册功能的后端逻辑：首先需要获取表单中用户输入的注册信息，包括用户名、密码和邮箱；然后到用户数据表中查询该用户名是否注册过，若未注册，则将这些注册信息保存到数据库中，设置标志位和用户名，设置账号的登录过期时间，返回标志位和用户名；若已经注册，则返回标志位和注册失败的信息。用户注册功能的后端逻辑示意如图 10-4所示。

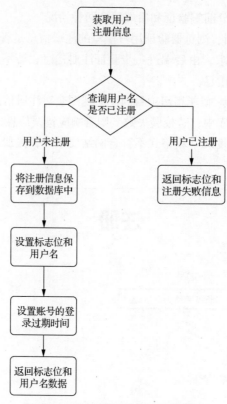

图 10-4 用户注册功能的后端逻辑示意

接下来，从接口设计和代码实现两方面介绍实现用户注册功能的后端逻辑，具体内容如下。

1. 接口设计

智能租房项目使用用户名作为用户的唯一标识。用户在注册对话框中输入的注册信息通过前端验证后浏览器会向后端发送注册请求，用于验证用户名的唯一性。下面从请求方式、请求地址和返回数据这 3 个方面设计用户注册接口。

（1）请求方式

用户发送注册请求时通过表单将注册数据传递到后端，为保证注册数据的安全，请求方式应为 POST。

（2）请求地址

请求地址为/register，无须向处理注册请求的视图函数传递任何参数。

（3）返回数据

后端需要向前端传递查询结果，由于前端规定使用 JSON 格式的数据，所以后端需要按照指定的格式将查询结果构建成 JSON 数据。JSON 数据示例如下所示。

```
{'valid': '0', 'msg': '用户已注册! '}或{'valid': '1', 'msg': 'itcast! '}
```

上述代码包含两个键值对，其中键 valid 表示标志位，用于标注注册是否成功，若 valid 的值为 1，则代表注册成功；若 valid 的值为 0，则代表注册失败。键 msg 表示注册请求返回的信息，若注册成功返回用户名，否则返回"用户已注册!"信息。

2. 代码实现

按照图 10-4 所示的逻辑，编写代码实现用户注册功能。在 house 项目的根目录下创建 user.py 文件，在该文件中创建蓝图 user_page 和视图函数，以及绑定该视图函数的 URL 规则，具体代码如下所示。

```
from flask import Blueprint, request, Response, jsonify
import json
from models import User
from settings import db
user_page = Blueprint('user_page', __name__)
@user_page.route('/register', methods=["POST"])
def register():
    # 获取用户的注册信息，包括用户名、密码、邮箱
    name = request.form['username']
    password = request.form['password']
    email = request.form['email']
    # 查询数据库中是否存在该用户名
    result = User.query.filter(User.name == name).all()
    # 判断用户名是否已经注册，如果没有注册在返回的结果中设置 Cookie
    if len(result) == 0:   // 若用户名不存在，说明未注册，则将注册信息保存到数据库中，并在
Cookie 中设置过期时间
        user = User(name=name, password=password, email=email)
        db.session.add(user)
        db.session.commit()
        json_str = json.dumps({'valid': '1', 'msg': user.name})
        res = Response(json_str)
        res.set_cookie('name', user.name, 3600 * 2)  # 设置 Cookie 过期时间
        return res
    else:                      # 若用户名存在，说明已注册，则返回用户已注册的信息
        return jsonify({'valid': '0', 'msg': '用户已注册！'})
```

以上代码定义了请求的 URL、请求方式和视图函数 register()。在 register()函数中首先通过 request.form 获取了表单中保存的注册信息，包括用户名（name）、密码（password）和邮箱（email）。然后以用户名（name）为查询条件到数据库中进行查询，并将查询结果赋给 result。接着通过判断 result 的长度的方式确定用户名是否已经注册：若 result 的长度为 0，则表示用户名未注册，此时需要将注册信息保存到数据库中，通过 Response 类来实例化响应对象，并使用 set_cookie()方法设置 Cookie 过期时间；若 result 长度不为 0，则表示用户名已经注册，此时需要通过 jsonify()函数构建响应结果。

10.1.3　用户注册的前端实现

在智能租房项目中，静态文件 login.js 中已经包含了表单验证以及表单样式设置的相关代码：若用户未登录，则会在导航栏上方显示"登录"按钮；若用户已登录，则会在导航栏上方显示当前登录的用户名。接下来，从引入验证插件说明、注册功能表单字段验证说明和渲染用户登录状态这 3 个方面对用户注册的前端实现进行介绍。

1. 引入验证插件说明

因为智能租房项目使用的是 Bootstrap 框架实现前端页面，为了使表单校验与前端页面的风格保持一致，我们在对表单进行注册、校验的时候，可以使用 Bootstrap 框架的校验插件

BootstrapValidator。

在智能租房项目中，除了用户中心页的导航栏无须提供用户注册功能的入口之外，其余页面的导航栏均应提供用户注册功能的入口。因此，除 user_page.html 之外的其他几个 HTML 文件均引入了 BootstrapValidator 插件。例如，引入验证插件的代码如下所示。

```
<!-- 引入bootstrapValidator.min.css文件 -->
<link href="/static/css/bootstrapValidator.min.css" rel="stylesheet">
<!-- 引入bootstrapValidator.min.js文件 -->
<script src="/static/vendor/bootstrap/js/bootstrap.js"></script>
<script src="/static/js/bootstrapValidator.min.js"></script>
```

上述代码中，通过<link>标签和<script>标签引入了 BootstrapValidator 插件的 CSS 文件和 JavaScript 文件。

2. 注册功能表单字段验证说明

在静态文件 login.js 中，借助 BootstrapValidator 验证插件实现了对注册表单中不同字段的验证，示例代码如下所示。

```
1  $('#registe-btn').on('click', function () {
2    $('#registeform').bootstrapValidator({
3      message: 'This value is not valid',
4      fields: {
5        username: {
6          message: 'The username is not valid',
7          validators: {
8            notEmpty: {message: '用户名不能为空'},
9            stringLength: {
10             min: 6,
11             max: 15,
12             message: '用户名长度必须为 6～15 位'
13           },
14           regexp: {
15             regexp: /^[a-zA-Z0-9_\.]+$/,
16             message: '用户名只能包含大写字母、小写字母、数字和下画线'
17           },
18           different: {
19             field: 'password',
20             message: '用户名不能与密码相同'
21           }}},
22     ......
23   }});
24   // 获取 validator 对象
25   var validator = $('#registeform').data("bootstrapValidator");
26   validator.validate(); // 手动触发验证
27   if (validator.isValid()) { // 通过验证
28     $.ajax({
29       type: 'post',
30       url: '/register',
31       data: $('#registeform').serialize(),
32       dataType: 'json',
33       success: function (result) {
```

```
34              if (result['valid'] == '0') {
35                  alert(result['msg'])
36                  var validatorObj = $("#registeform").data(
37                      'bootstrapValidator');
38                  if (validatorObj) {
39                      // 销毁验证
40                      $("#registeform").data(
41                          'bootstrapValidator').destroy();
42                      $('#registeform').data(
43                          'bootstrapValidator', null);
44                  }
45              } else {
46                  window.location.href = "/user/" + result['msg'];
47              }},})}});
```

上述代码中，第 1～23 行代码通过类选择器绑定 click 事件对用户输入的表单信息进行验证，包括验证表单字段是否为空、用户名长度、用户名规则、邮箱规则等；第 25～47 行代码首先获取 validator 对象，然后通过该对象调用 validate()方法手动触发验证，若通过验证，则通过 ajax()方法发送 POST 请求。

3. 渲染用户登录状态

若用户填写的注册信息符合验证规则，则会将用户名添加到 Cookie 中，并设置过期时间，同时在前端页面的导航栏中显示用户名，在每个页面的导航栏中添加用户登录状态。

以 user_page.html 文件为例，在该文件中查询 class 属性值为 navbar-nav ml-auto 的<ul>标签，使用模板语法的分支结构处理 Cookie 是否包含用户名的情况，具体代码如下述加粗部分所示。

```
<ul class="navbar-nav ml-auto">
    <li class="nav-item">
        <a class="nav-link" href="/">首页</a>
    </li>
    <li class="nav-item" id="user">
        {% if request.cookies.get('name') %}
        <!--处于登录状态-->
        <!--显示用户名与退出登录按钮-->
        <a id='u_name' class="nav-link" href=
            "/user/{{ request.cookies.get('name') }}">{{
            request.cookies.get('name') }}</a>
        {% else %}
        <!--未登录状态下，显示"登录"按钮-->
        <a class="nav-link" data-toggle="modal" data-target="#login"
                                    href="">登录</a>
        {% endif %}
    </li>
    {% if request.cookies.get('name') %}
    <li class="nav-item">
        <a class="nav-link" id="logout" href="">退出登录</a>
    </li>
    {% endif %}
</ul>
```

以上代码中，使用分支结构判断当前浏览器的 Cookie 中是否存储用户名。若存在用户名，则使用 get()方法获取用户名并将其渲染到页面中；若没有用户名，则显示"登录"按钮。

10.2　用户中心页展示

在智能租房网站中，用户注册成功后会跳转到用户中心页，该页面会展示当前用户的一些信息。本节将对用户中心页展示功能的实现进行详细讲解。

10.2.1　用户中心页展示的功能说明

用户中心页的左侧部分用于呈现用户的账号信息和房源收藏信息，右侧部分用于呈现用户的浏览记录。用户中心页如图 10-5 所示。

图 10-5　用户中心页

在图 10-5 中，账号信息包括昵称、住址、密码和邮箱，浏览记录里面的每套房源信息包括房源图片、房源地址、房源户型、建筑面积和房源价格。若用户的房源收藏和浏览记录为空，则页面不会展示任何内容。

10.2.2　用户中心页展示的后端实现

用户中心页展示功能与其他页面展示功能的后端逻辑相似，主要为：从数据库的房源数据表和用户数据表中查询当前用户的账号信息、浏览记录、收藏记录，之后将查询结果返回至后端，再由后端渲染到模板文件中。接下来，从接口设计、获取用户数据和房源数据两方面介绍如何实现用户中心页展示功能。

1．接口设计

当用户注册成功后，浏览器会跳转到用户中心页，请求当前用户的账号信息。为了保证用户账号信息的安全，需要采用 POST 方式发送请求，并向用户中心页传递用户数据。因此请求页面为 user_page.html；请求方式为 POST；请求地址为/user/<name>，其中 name 代表用户名；返回的数据为包含用户信息的用户对象和包含房源信息的房源对象。用户中心页的接口如表 10-1 所示。

表 10-1　用户中心页的接口

接口选项	说明
请求页面	user_page.html
请求方式	POST
请求地址	/user/\<name>
返回数据	用户对象和房源对象

用户对象和房源对象包含的字段分别如表 10-2 和表 10-3 所示。

表 10-2　用户对象包含的字段

字段	类型	说明
id	int	用户 ID
name	str	用户名
password	str	密码
email	str	邮箱地址
addr	str	用户住址

表 10-3　房源对象包含的字段

字段	类型	说明
id	int	房源 ID
title	str	房源标题
rooms	str	房源户型
area	int	建筑面积
price	int	房源价格

2. 获取用户数据和房源数据

在 user.py 文件中编写后端逻辑的代码，用于获取当前用户的数据以及当前用户浏览或收藏的房源数据，具体代码如下所示。

```
1   from flask import render_template,redirect
2   from models import House
3   @user_page.route('/user/<name>')
4   def user(name):
5       # 查询数据库中用户名为 name 的 User 类对象
6       user = User.query.filter(User.name == name).first()
7       # 判断用户名是否存在
8       if user:    # 该用户名存在
9           collect_id_str = user.collect_id    # 获取当前用户收藏的房源 ID
10          if collect_id_str:                       # 若 collect_id_str 不为空
11              collect_id_list = collect_id_str.split(',')
12              collect_house_list = []
```

```
13              # 根据房源 ID 获取对应的房源对象
14              for hid in collect_id_list:
15                  house = House.query.get(int(hid))
16                  # 将房源对象添加到列表中
17                  collect_house_list.append(house)
18          else:                                   # 若 collect_id_str 为空
19              collect_house_list = []
20          seen_id_str = user.seen_id              # 获取当前用户的浏览记录
21          if seen_id_str:
22              seen_id_list = seen_id_str.split(',')
23              seen_house_list = []
24              # 根据房源 ID 获取对应的房源对象
25              for hid in seen_id_list:
26                  house = House.query.get(int(hid))
27                  seen_house_list.append(house)
28          else:
29              seen_house_list = []
30          return render_template('user_page.html', user=user,
31              collect_house_list=collect_house_list,
32              seen_house_list=seen_house_list)
33      else:
34          # 重定向到首页
35          return redirect('/')
```

上述代码中，第 6 行代码过滤了数据库中 User.name 等于 name 的用户数据。

第 8～32 行代码处理了用户名存在的情况。其中第 9 行代码通过 user.collect_id 获取了当前用户收藏的房源 ID 字符串 collect_id_str；第 10～17 行代码处理了 collect_id_str 不为空的情况，首先以逗号为分隔符分割字符串 collect_id_str，得到一个包含所有房源 ID 的列表 collect_id_list，然后依次根据房源 ID 获取对应的房源对象，并将这些房源对象添加到列表 collect_house_list 中；第 19 行代码处理了 collect_id_str 为空的情况，也就是创建了一个空列表 collect_house_list；第 20～32 行代码按照相同的方式分别处理了浏览记录为空和浏览记录不为空的情况。

第 33～35 行代码处理了用户名不存在的情况，若用户名不存在，则调用 redirect()函数重定向到首页。

10.2.3 用户中心页展示的前端实现

后端获取用户对象 user 和房源对象 house 后，前端需要将获取的数据渲染到模板文件 user_page.html 中。在 user_page.html 文件中查询 class 属性值为 user-info、collection 和 col-lg-4 col-md-4 mx-auto detail-body 的<div>标签，通过模板语法的循环结构将用户信息和房源信息进行展示。

限于篇幅，下面以 class 属性值为 user-info 的<div>标签为例进行介绍，在该标签内部将固定的房源数据替换为相应的模板变量，具体代码如下述加粗部分所示。

```
<div class="user-info">
    <input value="{{ user.name }}" id="n-data" style="display: none">
    <div class="row">
        <div class="col-lg-8 c-1">
            <span>昵称: </span>
            <span class="nkname">{{ user.name }}</span>
```

```
      </div>
      <div class="col-lg-4">
        <button class="btn-info c-2" id="btn-name"><i
          class="fa fa-pencil-square-o" aria-hidden="true"> 编辑</i>
        </button>
      </div>
  </div>
  <input value="{{ user.addr }}" id="a-data" style="display: none">
  <div class="row">
      <div class="col-lg-8 c-1">
        <span>住址: </span>
        <span class="nkaddr">{{ user.addr }}</span>
      </div>
      <div class="col-lg-4">
        <button class="btn-info c-2" id="btn-addr"><i
          class="fa fa-pencil-square-o" aria-hidden="true"> 编辑</i>
        </button>
      </div>
  </div>
  <input value="{{ user.password }}" id="p-data" style="display: none">
  <div class="row">
      <div class="col-lg-8 c-1">
        <span>密码: </span>
        <span class="nkpd">{{ user.password }}</span>
      </div>
      <div class="col-lg-4">
        <button class="btn-info c-2" id="btn-pd"><i
          class="fa fa-pencil-square-o" aria-hidden="true"> 编辑</i>
        </button>
      </div>
  </div>
  <input value="{{ user.email }}" id="e-data" style="display: none">
  <div class="row">
      <div class="col-lg-8 c-1">
        <span>邮箱: </span>
        <span class="nkemail">{{ user.email }}</span>
      </div>
      <div class="col-lg-4">
        <button class="btn-info c-2" id="btn-email"><i
          class="fa fa-pencil-square-o" aria-hidden="true"> 编辑</i>
        </button>
      </div>
  </div>
</div>
```

重启开发服务器，注册新的用户账号后页面会跳转到用户中心页。因为当前还未实现房源收藏和浏览记录的相关功能，所以此时用户中心页中只会展示用户的账号信息。

10.3 用户登录与退出

在智能租房项目中，用户登录功能用于查看当前用户在网站中存储的个人信息、收藏的房源列表和浏览记录，用户退出功能用于退出当前登录的账号。接下来将对用户登录和用户退出功能进行介绍。

10.3.1　用户登录

用户登录入口在页面顶部导航栏中，当用户单击导航栏上方的"登录"按钮后，会弹出登录对话框。登录对话框如图 10-6 所示。

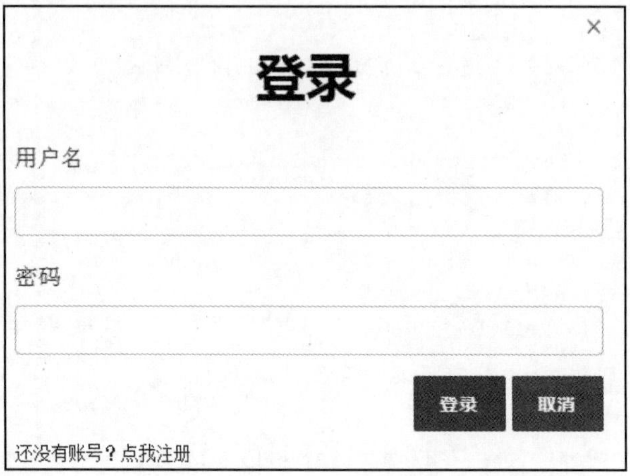

图 10-6　登录对话框

用户需要在图 10-6 所示对话框中的"用户名"输入框和"密码"输入框中填写正确的信息，填写完成后方可执行其他操作。若单击图 10-6 所示对话框中的"登录"按钮，则会进入用户中心页；若单击图 10-6 所示对话框中的"取消"按钮，则会隐藏登录对话框；若单击图 10-6 所示对话框中的链接文本"还没有账号？点我注册"，则会切换至注册对话框。

值得一提的是，用户登录功能的前端逻辑与用户注册功能的前端逻辑相同，包括字段校验、单击"登录"按钮提交请求，这些功能均已经在 login.js 文件中实现，此处不赘述。下面从接口设计和后端实现两方面介绍如何实现用户登录功能。

1. 接口设计

当用户登录成功后页面会跳转到用户中心页，因此请求页面为 user_page.html。为了保证用户提交的用户名和密码能够安全传递至后端，这里需要使用 POST 请求，请求地址为/login，服务器返回一组包含登录状态和登录信息的 JSON 数据。用户登录接口如表 10-4 所示。

表 10-4　用户登录接口

接口选项	说明
请求页面	user_page.html
请求方式	POST
请求地址	/login
返回数据	JSON 数据，例如{'valid': '1', 'msg': '登录成功'} {'valid': '0', 'msg': '登录失败'}

表 10-4 中返回的 JSON 数据包含两个键值对。其中键 valid 表示标志位，当值为 1 时表示登录成功，当值为 0 时表示登录失败；msg 表示登录状态信息，当登录成功时值为"登录成

功"，当登录失败时值为"登录失败"。

2. 后端实现

后端需要对前端提交的账号信息进行验证，具体逻辑为：首先需要获取登录表单中的用户名和密码。然后通过 User 模型类对象查询该用户名是否存在，若不存在则构造用户名错误的返回数据，若存在则判断输入的密码是否正确：若输入的密码正确，则设置响应信息和 Cookie，之后构造登录成功的返回数据；若输入的密码错误，则构造密码错误的返回数据。用户登录功能的逻辑如图 10-7 所示。

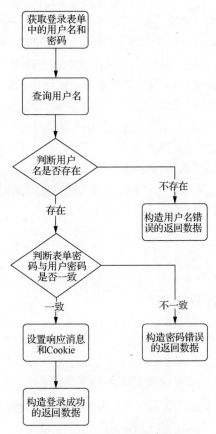

图 10-7　用户登录功能的逻辑

接下来，在 user.py 文件中按照图 10-7 所示的逻辑编写视图函数，用于实现用户登录功能，具体代码如下所示。

```
1   @user_page.route('/login', methods=['POST'])
2   def login():
3       # 获取用户提交的表单信息，即用户名和密码
4       name = request.form['username']
5       password = request.form['password']
6       # 对用户名进行校验
7       user = User.query.filter(User.name == name).first()
8       if user:     # 用户名存在
9           # 判断用户输入的密码是否正确
10          if user.password == password:
```

```
11                      # 将响应信息变换成 JSON 字符串
12                      result = {'valid': '1', 'msg': user.name}
13                      result_json = json.dumps(result)
14                      # 构造返回数据
15                      res = Response(result_json)
16                      # 设置 Cookie 过期时间
17                      res.set_cookie('name', user.name, 3600 * 2)
18                      return res
19              else:
20                      return jsonify({'valid': '0', 'msg': '密码不正确！'})
21      else:           # 用户名不存在
22              return jsonify({'valid': '0', 'msg': '用户名不正确！'})
```

上述代码定义了一个视图函数 login()，在该函数中首先通过 request.form 依次获取表单中保存的用户名和密码，然后通过 User 模型类对象查询该用户名是否存在。若该用户名存在，则判断用户输入的密码是否正确，若用户输入的密码正确，则通过 Response() 方法构造用户登录成功的返回数据，并设置 Cookie 过期时间；若用户输入的密码不正确或用户名不存在，则通过 jsonify() 函数构造登录失败的返回数据。

重启开发服务器，通过浏览器访问智能租房的首页，在该页面中单击导航栏的"登录"按钮会弹出登录对话框，在登录对话框中填写正确的用户名和密码，单击登录对话框中的"登录"按钮后页面会跳转到用户中心页，说明用户登录成功。

10.3.2　用户退出

当用户登录成功后，页面上方的导航栏中会显示当前登录用户的用户名以及"退出登录"按钮。用户登录后的导航栏如图 10-8 所示。

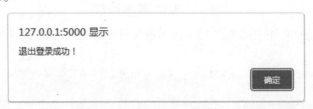

首页　　ITCAST　　退出登录

图 10-8　用户登录后的导航栏

在图 10-8 所示页面中，单击"退出登录"按钮页面顶部会弹出一个退出登录成功的提示框，如图 10-9 所示。

> 127.0.0.1:5000 显示
>
> 退出登录成功！
>
> 确定

图 10-9　退出登录成功的提示框

在图 10-9 所示的提示框中，单击"确定"按钮会跳转到智能租房的首页，此时导航栏中只包含"首页"和"登录"按钮。

下面从接口设计、后端实现、前端实现三方面介绍如何实现用户退出功能。

1. 接口设计

由于用户退出登录后页面会跳转到首页，所以请求页面为 index.html；用户发送退出登录请求后只需要获取首页的数据，因此请求方式为 GET，请求地址为/logout；请求完成后会返回一组包含退出状态和退出信息的 JSON 数据。用户退出接口如表 10-5 所示。

表 10-5　用户退出接口

接口选项	说明
请求页面	index.html
请求方式	GET
请求地址	/logout
返回数据	JSON 数据，例如{'valid': '1', 'msg': '退出登录成功!'} {'valid': '0', 'msg': '未登录!'}

表 10-5 中的 JSON 数据由 valid 和 msg 组成。其中 valid 表示标志位，值为 1 时表示退出登录成功，值为 0 时表示退出登录失败；msg 表示退出登录状态信息，退出登录成功时值为"退出登录成功!"，退出登录失败时值为"未登录!"。

2. 后端实现

由于用户登录智能租房网站时在 Cookie 中保存了用户信息，所以后端可以根据 Cookie 中有无用户信息判断用户的登录状态：若从 Cookie 中能够获取到用户名，则说明用户当前处于登录状态，此时需要构建退出登录成功的返回数据，之后从 Cookie 中删除用户名；若从 Cookie 中没有获取到用户名，则说明用户当前处于未登录状态，此时需要构建退出登录失败的返回数据。用户退出功能的逻辑如图 10-10 所示。

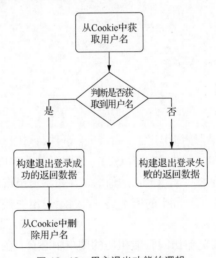

图 10-10　用户退出功能的逻辑

接下来，在 user.py 文件中按照图 10-10 所示的逻辑编写视图函数，用于实现用户退出功能，具体代码如下所示。

```
@user_page.route('/logout')
def logout():
    # 在 Cookie 中获取用户信息
    name = request.cookies.get('name')
    # 用户处于登录状态
    if name:
        result = {'valid': '1', 'msg': '退出登录成功！'}
```

```
        json_str = json.dumps(result)
        res = Response(json_str)
        # 从 Cookie 中删除用户名
        res.delete_cookie('name')
        return res
    # 用户处于未登录状态
    else:
        return jsonify({'valid': '0', 'msg': '未登录!'})
```

上述代码中，首先使用 request.cookies.get()获取 Cookie 中的用户名，若该用户名存在，则通过 json.dumps()函数将构建的字典转换为 JSON 字符串，从 Cookie 中删除该用户名，返回响应结果；若该用户名不存在，则通过 jsonify()函数构建返回数据。

3. 前端实现

前端需要根据用户的登录状态，在用户单击"退出登录"按钮后弹出退出登录成功的提示框或者退出登录失败的提示框，login.js 文件中已经实现了用户退出功能的前端逻辑，具体代码如下所示。

```
$("#logout").on('click', function () {
    $.ajax({
        url: '/logout',
        type: 'get',
        dataType: 'json',
        success: function (res) {
            if (res["valid"] == '1') {   // 退出成功
                alert(res["msg"]);
                window.location.href = '/';
            } else {                      // 退出失败
                alert(res["msg"]);
            }
        }
    })
});
```

在上述代码中，"退出登录"按钮绑定了一个 click 事件，该按钮一旦被单击就会执行 AJAX 请求，该请求的 URL 为/logout，请求方式为 GET，预期服务器响应的数据类型为 JSON 类型，请求成功后会弹出对应的提示框：若 valid 的值为 1，表示退出成功，则需要通过 alert()方法弹出退出登录成功的提示框；若 valid 的值不是 1，表示退出失败，则需要通过 alert()方法弹出退出登录失败的提示框。

重启开发服务器，通过浏览器访问智能租房的用户中心页，在该页面单击导航栏中的"退出登录"按钮后会弹出退出登录成功提示框，单击"确定"按钮，页面会跳转到智能租房首页，同时首页上方的导航栏中只有"首页"和"登录"两个按钮，没有用户名和"退出登录"按钮，说明用户退出登录成功。

10.4　账号信息修改

在智能租房网站中，用户中心页提供了账号信息修改功能，该功能用于对当前登录用户的基本信息进行修改，包括昵称、住址、密码和邮箱。账号信息修改的效果如图 10-11 所示。

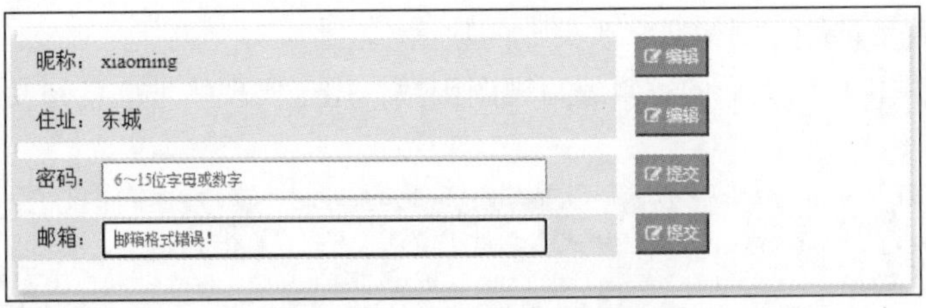

图 10-11　账号信息修改的效果

单击图 10-11 所示页面中的"编辑"按钮，该按钮的标题会变为"提交"，对应的账号信息部分变成可编辑的输入框，用户需要在输入框中按照提示文本说明的格式要求填写账号信息。填完账号信息后，单击"提交"按钮，浏览器会向后端发送账号信息修改请求，对账号信息进行简单校验。若校验通过，则将修改后的账号信息存入数据库；若校验失败，则会弹出相应的提示框。

账号信息修改功能的实现可分成前端实现和后端实现两部分，其中前端包括校验修改后的昵称、住址、密码和邮箱是否符合网站规定，修改按钮标题，添加输入框等；后端主要对账号信息修改请求进行处理，更新数据表中保存的账号信息。前端逻辑已经在 user_page.html 文件中的 JavaScript 代码中实现，此处不赘述。下面从接口设计和后端实现两方面介绍如何实现账号信息修改功能。

1. 接口设计

当账号信息修改完成后会重新请求用户中心页并进行展示，因此请求页面为 user_page.html；用户发送账号信息修改请求时通过表单将用户数据传递到后端，为保证用户数据的安全，请求方式应为 POST。

提供好的前端页面中已经定义了账号信息修改请求的 URL，因此视图函数中的请求地址定义为/modify/user_info/<option>，其中 option 表示要修改的选项，返回数据为一组包含修改状态的 JSON 数据。账号信息接口如表 10-6 所示。

表 10-6　账号信息接口

接口选项	说明
请求页面	user_page.html
请求方式	POST
请求地址	/modify/user_info/<option>
返回数据	JSON 数据，例如{'ok': '1'}或{'ok': '0'}

表 10-6 中的 JSON 数据由 ok 和其对应的值组成，当值为 1 时表示修改成功，当值为 0 时表示修改失败。

2. 后端实现

后端实现修改昵称、住址、密码和邮箱的逻辑是相同的，以修改昵称为例，账号信息修改的后端逻辑为：首先判断用户选择修改的信息是否为昵称，若要修改的信息为昵称，则分别从表单中获取用户原来的昵称和输入的新昵称，然后根据用户原来的昵称和新昵称到数据库中查询用户对象，接着判断使用了原来昵称的用户对象是否存在，并且有没有其他用户对象使用新昵称，若满足条件，则更新数据表中保存的用户昵称，构造响应对象，并设置登录过期时间；若不满足条件，则构造修改失败的数据。

在 user.py 文件中按照上面的逻辑编写视图函数，用于实现账号信息修改的功能，具体代码如下所示。

```
1   @user_page.route('/modify/userinfo/<option>', methods=['POST'])
2   def modify_info(option):
3       if option == 'name':
4           y_name = request.form['y_name']  # 获取原来的昵称
5           name = request.form['name']      # 获取新的昵称
6           # 根据原来的昵称和新昵称查询用户对象
7           user = User.query.filter(User.name == y_name).first()
8           other_user = User.query.filter(User.name == name).first()
9           if user and not other_user:    # 用户对象存在且没有其他用户对象使用新的昵称
10              user.name = name         # 更新昵称
11              db.session.commit()
12              result = {'ok': '1'}
13              json_str = json.dumps(result)
14              # 创建响应对象
15              res = Response(json_str)
16              res.set_cookie('name', user.name, 3600 * 2)
17              return res
18          else:      # 昵称不存在
19              return jsonify({'ok': '0'})
20      elif option == 'addr':
21          # 获取昵称
22          y_name = request.form['y_name']
23          # 获取新的住址
24          addr = request.form['addr']
25          # 查询昵称是否存在
26          user = User.query.filter(User.name == y_name).first()
27          if user:  # 昵称存在
28              user.addr = addr       # 更新住址
29              db.session.commit()
30              # 返回 JSON 字符串
31              return jsonify({'ok': '1'})
32          else:      # 昵称不存在
33              return jsonify({'ok': '0'})
34      elif option == 'password':
35          # 获取昵称
36          y_name = request.form['y_name']
37          # 获取新的密码
38          password = request.form['password']
39          # 查询昵称是否存在
40          user = User.query.filter(User.name == y_name).first()
41          if user:  # 昵称存在
42              user.password = password  # 更新密码
43              db.session.commit()
44              return jsonify({'ok': '1'})
45          else:      # 昵称不存在
```

```
46          return jsonify({'ok': '0'})
47      elif option == 'email':
48          # 获取昵称
49          y_name = request.form['y_name']
50          # 获取新的邮箱
51          email = request.form['email']
52          # 查询昵称是否存在
53          user = User.query.filter(User.name == y_name).first()
54          if user:  # 昵称存在
55              user.email = email    # 更新邮箱
56              db.session.commit()
57              return jsonify({'ok': '1'})
58          else:        # 昵称不存在
59              return jsonify({'ok': '0'})
60      return 'ok'
```

上述代码中，第 3~19 行代码用于处理修改用户昵称的情况。其中第 4~5 行代码通过 request.form 获取了原来的昵称 y_name 和新昵称 name；第 7 行代码查询数据表中是否存在昵称为 y_name 的用户对象；第 8 行代码查询数据表中是否存在昵称为 name 的用户对象；第 9~17 行代码处理了昵称存在的情况，首先将新昵称 name 赋值给 user.name；通过 session.commit() 方法提交至数据库，然后通过 Response 类实例化响应对象，使用 set_cookie() 方法设置用户登录过期时间；第 18~19 行代码处理了昵称不存在的情况，调用 jsonify() 函数构建修改失败的数据。第 20~59 行代码按照相同的逻辑修改了住址、密码和邮箱。

重启开发服务器，通过浏览器访问智能租房的用户中心页，在该页面中单击昵称后方的"编辑"按钮，在输入框中填写昵称为 itheima，单击"提交"按钮后刷新页面，此时"昵称"输入框会显示修改后的昵称 itheima，说明成功修改了用户昵称。

10.5　收藏和取消收藏房源信息

收藏房源信息功能指的是将用户中意的房源信息添加到收藏列表中，取消收藏房源信息功能指的是将房源信息从收藏列表中删除。接下来，本节将对收藏房源信息和取消收藏房源信息功能的相关内容进行详细讲解。

10.5.1　收藏房源信息

在智能租房网站中，房源详情页提供了收藏房源信息功能的入口，用户在登录状态下可以将喜欢的房源信息添加到收藏列表中。收藏房源信息功能的入口如图 10-12 所示。

当用户登录智能租房网站后，单击图 10-12 所示页面中的 ♥收藏 按钮会将房源信息添加到用户的收藏房源列表中。若用户已经收藏过该房源信息，再次单击 ♥收藏 按钮后会提示"已经收藏过了！"；若用户未登录，单击 ♥收藏 按钮会提示"登录后才能使用收藏功能"。

收藏房源信息功能的前端逻辑已经在 detail_page.html 文件中的 JavaScript 代码中实现，此处不赘述。下面从接口设计和后端实现两方面介绍实现收藏房源功能。

图 10-12   收藏房源信息功能的入口

1. 接口设计

由于收藏的房源信息是在用户中心页展示的，因此请求页面为 user_page.html；用户中心页只需要展示当前登录用户收藏的房源信息，所以请求方式为 GET，请求地址为 /add/collection/<int:hid>，其中 hid 表示房源 ID；请求成功后返回一组包含收藏状态和收藏信息的 JSON 数据。收藏房源信息接口如表 10-7 所示。

表 10-7   收藏房源信息接口

接口选项	说明
请求页面	user_page.html
请求方式	GET
请求地址	/add/collection/<int:hid>
返回数据	JSON 数据，例如{'valid': '1','msg':'收藏完成!'}

表 10-7 的 JSON 数据中包含两个键值对，其中键 valid 表示标志位，其对应的值为 1 时表示收藏成功，为 0 时表示收藏失败；键 msg 表示返回的提示信息，当 valid 的值为 1 时，msg 的值为"收藏完成!"或"已经收藏过了!"；当 valid 对应的值为 0 时，msg 的值为"登录后才能使用收藏功能"。

2. 后端实现

后端需要根据用户的登录状态确定用户是否可以收藏房源信息，这里可以对浏览器保存的 Cookie 信息进行判断，如果 Cookie 中不存在用户名，说明用户处于未登录状态下，需要提示用户登录智能租房平台；若 Cookie 中存在用户名，说明用户处于登录状态下，需要进一步判断当前用户是否有收藏记录。

若当前用户不存在收藏记录，则直接将正在浏览的房源信息插入数据库；若当前用户存在收藏记录，则需要进一步确认收藏记录中是否存在该房源信息，不存在该房源信息则需要将该房源信息插入收藏记录，否则需要提示用户已经收藏过该房源信息。

收藏房源信息功能的逻辑如图 10-13 所示。

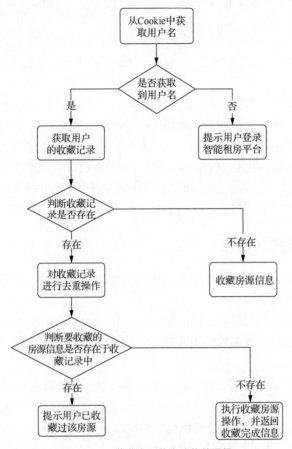

图 10-13　收藏房源信息功能的逻辑

接下来，在 user.py 文件中按照图 10-13 所示的逻辑编写视图函数，用于实现收藏房源信息功能，具体代码如下所示。

```
1   @user_page.route('/add/collection/<int:hid>')
2   def add_collection_id(hid):
3     name = request.cookies.get('name')        # 从 Cookie 中获取用户名
4     if name:
5         user = User.query.filter(User.name == name).first() # 获取 user 对象
6         collect_id_str = user.collect_id     # 通过 user 对象获取用户收藏的房源信息
7         if collect_id_str:   # 判断当前用户是否有收藏房源信息
8             collect_id_list = collect_id_str.split(',')
9             set_id = set([int(i) for i in collect_id_list])
10            if hid in set_id:
11                return jsonify({'valid': '1', 'msg': '已经收藏过了！'})
12            else:
13                new_collect_id_str = collect_id_str + ',' + str(hid)
14                user.collect_id = new_collect_id_str
15                db.session.commit()
16                return jsonify({'valid': '1', 'msg': '收藏完成！'})
```

```
17          else:
18              user.collect_id = str(hid)
19              db.session.commit()
20              return jsonify({'valid': '1', 'msg': '收藏完成！'})
21      else:
22          return jsonify({'valid': '0', 'msg': '登录后才能使用收藏功能'})
```

在上述代码中，第 3 行代码通过 request.cookies 调用 get()方法从 Cookie 中获取用户名 name。

第 4～20 行代码处理了用户名 name 存在的情况，首先通过 User.query.filter()查询用户名为 name 的用户对象 user，通过 user 对象获取当前用户收藏的房源信息，然后判断要收藏的房源信息是否存在于用户收藏房源列表中。若存在，则返回通过 jsonify()函数构建的数据；若不存在，则更新用户收藏房源列表；若用户收藏列表为空，则直接收藏当前详情页中的房源信息。

第 21～22 行代码处理了用户名 name 不存在的情况，直接返回通过 jsonify()函数构建的"登录后才能使用收藏功能"数据。

10.5.2 取消收藏房源信息

用户若希望删除已经收藏的房源信息，则可以在用户中心页的收藏房源列表中通过单击取消收藏按钮来取消收藏。

取消收藏房源信息功能的前端逻辑已经在 user_page.html 文件中的 JavaScript 代码中实现，此处不赘述。下面从接口设计和后端实现两方面介绍实现取消收藏房源信息功能。

1. 接口设计

当用户取消收藏房源信息后，用户中心页将不会显示取消收藏的房源信息，因此请求页面为 user_page.html，请求方式为 POST，请求地址为/collect_off，返回的是一组包含删除状态和删除信息的 JSON 数据。取消收藏房源信息的接口如表 10-8 所示。

表 10-8 取消收藏房源信息的接口

接口选项	说明
请求页面	user_page.html
请求方式	POST
请求地址	/collect_off
返回数据	JSON 数据，例如{'valid': '1','msg':'删除成功！'}

由表 10-8 可知，请求成功后取消收藏房源信息的接口会返回 JSON 类型的数据。从 JSON 数据的示例可知，JSON 数据中包含两个键值对，其中键 valid 表示标志位，其值为 1 时表示取消收藏成功，为 0 表示取消收藏失败；键 msg 表示取消收藏成功或取消收藏失败返回的提示信息。

2. 后端实现

取消收藏房源信息功能的具体逻辑为：首先从表单信息中获取用户名和房源 ID，然后根据该用户名获取相应的用户对象，通过用户对象获取当前用户的收藏房源列表，接着判断要删除的房源 ID 是否存在于用户的收藏房源列表中，若存在，则删除指定的房源信息并更新数据库；若不存在，则构建删除失败的返回数据。

取消收藏房源信息功能的逻辑如图 10-14 所示。

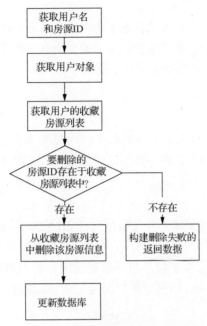

图 10-14　取消收藏房源信息功能的逻辑

接下来，在 user.py 文件中按照图 10-14 所示的逻辑编写视图函数，用于实现取消收藏房源信息功能，具体代码如下所示。

```python
@user_page.route('/collect_off', methods=['POST'])
def collect_off():
    name = request.form['user_name']    # 获取用户名
    hid = request.form['house_id']      # 获取房源 ID
    user = User.query.filter(User.name == name).first() # 获取用户对象
    collect_id_str = user.collect_id    # 获取用户的收藏房源列表
    collect_id_list = collect_id_str.split(',')
    if hid in collect_id_list:  # 判断要删除的房源 ID 是否存在于收藏房源列表中
        collect_id_list.remove(hid)
        new_collect_id_str = ','.join(collect_id_list)  # 重新拼接收藏房源 ID
        user.collect_id = new_collect_id_str
        db.session.commit()                             # 更新数据库
        result = {'valid': '1', 'msg':'删除成功！'}
        return jsonify(result)
    else:
        result = {'valid': '0', 'msg': '删除失败！'}
        return jsonify(result)
```

以上代码首先通过 request.form 获取用户名和房源 ID，然后通过 User 模型类获取用户对象 user，接着通过用户对象 user 获取当前用户的收藏房源列表，并判断用户要删除的房源 ID 是否存在于收藏房源列表中。若存在，则使用 remove() 方法删除要取消收藏的房源 ID，重新拼接每个房源 ID 构成新的收藏房源列表，并将其保存到数据库中。若要取消收藏的房源 ID 不在用户收藏房源列表中，则构建删除失败的返回数据。

10.6　用户浏览记录管理

在智能租房网站中，当用户在登录状态下访问某套房源的详情页后，网站会将这套房源的相关信息记录到浏览记录中，另外用户也可以清空所有的浏览记录。接下来，本节将对添加浏览记录和清空浏览记录的相关内容进行介绍。

10.6.1　添加浏览记录

在智能租房网站中，用户只有在登录状态下访问房源详情页才会生成浏览记录，若用户在未登录状态下访问房源详情页，则不会生成浏览记录。下面从后端和前端两方面介绍实现添加浏览记录功能，具体内容如下。

1. 后端实现

添加浏览记录功能的后端逻辑：首先根据房源 ID 获取房源对象，从 Cookie 中获取用户名，然后判断是否获取到用户名。若获取到，则获取该用户的浏览记录，进一步判断用户当前访问的房源信息是否存在于用户的浏览记录中，若未获取到，则将当前访问的房源信息添加到浏览记录中；若存在，则更新用户浏览记录。添加浏览记录功能的逻辑如图 10-15 所示。

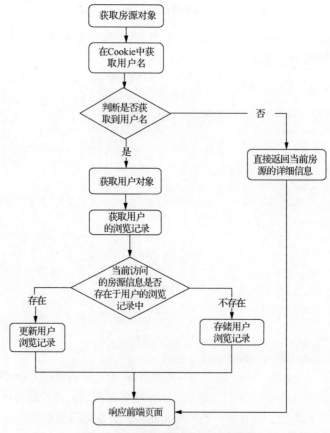

图 10-15　添加浏览记录功能的逻辑

在第 9 章的 9.1 节中仅仅实现了详情页房源数据展示功能，并没有实现在用户访问房源详情页时添加浏览记录，这里需要对 detail_page.py 文件中的视图函数 detail()进行修改，修改后的代码如下所示。

```
@detail_page.route('/house/<int:hid>')
def detail(hid):
    # 从数据库中查询房源 ID 为 hid 的房源对象
    house = House.query.get(hid)
    # 获取房源对象的配套设施，比如床-宽带-洗衣机-空调-热水器-暖气
    facilities_str = house.facilities
    # 将分隔后的每个设施名称保存到列表中
    facilities_list = facilities_str.split('-')
    # 判断用户是否处于登录状态
    name = request.cookies.get('name')
    if name:
        # 获取用户对象
        user = User.query.filter(User.name == name).first()
        # 获取用户对象的浏览记录，格式为'123,234,345'或者 null
        seen_id_str = user.seen_id
        # 存在浏览记录
        if seen_id_str:
            # 将浏览记录中保存的字符串转换成列表
            seen_id_list = seen_id_str.split(',')
            # 借助 set()函数去重
            set_id = set([int(i) for i in seen_id_list])
            # 判断 hid 是否在浏览记录中
            if hid not in set_id:
                new_seen_id_str = seen_id_str + ',' + str(hid)
                user.seen_id = new_seen_id_str
                db.session.commit()
        else:
            # 直接将当前的 hid 插入浏览记录
            user.seen_id = str(hid)
            db.session.commit()
    return render_template('detail_page.html', house=house,
                                        facilities=facilities_list)
```

2. 前端实现

前端需要将后端传递的用户浏览记录渲染到模板文件 user_page.html 中。在 user_page.html 中查询 class 属性值包含 browse-record-first-div 的<div>标签，在该标签外部使用循环结构取出用户浏览记录中的每条房源数据进行展示，具体代码如下述加粗部分所示。

```
<div style="overflow: scroll; height:680px;">
    {% for house in seen_house_list %}
    <div class="col-lg-10 col-md-10 mx-auto browse-record-first-div">
        <div class="course">
            <div><a href="/house/{{ house.id }}"><img class='img-fluid img-box'
                src="/static/img/house-bg1.jpg"alt=""></a>
            </div>
            <div class="course-info">
                <span class="glyphicon glyphicon-map-marker"></span>
                <span>{{ house.address }}</span>
            </div>
```

```
            <div class="course-info1">
                <span>{{ house.rooms }}-{{ house.area }}平方米</span>
                <span class="price">￥ {{ house.price }}</span>
            </div>
        </div>
    </div>
    {% endfor %}
</div>
```

10.6.2　清空浏览记录

在智能租房网站中，单击用户中心页右侧的"清空浏览记录"按钮后，会将当前用户的房源浏览记录全部清空。下面从接口设计和后端实现两方面介绍如何实现清空浏览记录功能。

1. 接口设计

因为用户浏览记录在用户中心页显示，当清空用户浏览记录时会删除该页面上的房源信息，所以请求页面为 user_page.html；当前端页面发送清空浏览记录请求后会一并将当前用户的名称进行传递，为了保证用户信息的安全，应设置请求方式为 POST，请求地址为/del_record；返回一组包含清空浏览记录状态和信息的 JSON 数据。清空浏览记录的接口如表 10-9 所示。

表 10-9　清空浏览记录的接口

接口选项	说明
请求页面	user_page.html
请求方式	POST
请求地址	/del_record
返回数据	JSON 数据，例如{'valid': '1','msg':'删除成功！ '}{'valid': '0','msg':'暂无信息可以删除!'}

表 10-9 中返回的 JSON 数据由 valid 和 msg 组成，其中 valid 表示标志位，当值为 1 时表示清空记录成功，当值为 0 时表示清空记录失败；msg 表示退出清空记录状态信息，当清空记录成功时值为"删除成功!"，当清空记录失败时值为"暂无信息可以删除!"。

2. 后端实现

清空浏览记录的后端逻辑为：首先需要从请求的表单信息中获取当前登录的用户名，通过该用户名获取相应的用户对象，然后到数据库中查询该用户是否有房源浏览记录。若该用户有房源浏览记录，则清空该用户的房源浏览记录；若该用户没有房源浏览记录，则返回清空失败的数据。

接下来，在 user.py 文件中按照上面的逻辑编写视图函数，用于实现清空浏览记录功能，具体代码如下所示。

```
@user_page.route('/del_record', methods=['POST'])
def del_record():
    # 获取前端传递的用户名
    name = request.form['user_name']
    # 获取用户对象
    user = User.query.filter(User.name == name).first()
    # 获取用户对象的浏览记录
    seen_id_str = user.seen_id
```

```
# 浏览记录存在
if seen_id_str:
    user.seen_id = ''
    db.session.commit()
    return jsonify({'valid':'1', 'msg':'删除成功!'})
# 浏览记录不存在
else:
    return jsonify({'valid': '0', 'msg': '暂无信息可以删除!'})
```

10.7　智能推荐

智能推荐功能主要是指根据用户以往的房源浏览记录向用户推荐符合用户偏好的房源，具体如何推荐会依赖协同过滤算法。本节将针对智能推荐功能的相关内容进行详细讲解。

10.7.1　协同过滤算法

在介绍协同过滤算法之前，请读者思考一个问题：

你周末在家打算看一部电影，但是又不知道哪一部电影比较好看，这时你会怎么做呢？

大多数人可能会选择询问与自己电影喜好相似的好友，这种方式其实体现了协同过滤算法的核心思想，即寻找与用户喜好相似的其他用户，将其他用户以往的数据推荐给该用户。

协同过滤算法是一种应用于电子商务推荐系统的算法，它利用与用户兴趣相投、拥有共同经验的群体的喜好来向用户推荐感兴趣的信息。用户通过合作的机制可以给予信息一定程度的回应，比如评分、浏览、购买相应物品等，进而有助于算法过滤用户不感兴趣的信息，筛选出其感兴趣的信息。

目前应用比较广泛的协同过滤算法主要有两类，分别是基于物品的协同过滤算法和基于用户的协同过滤算法，关于它们的介绍如下。

1. 基于物品的协同过滤算法

基于物品的协同过滤算法的核心思想是给用户推荐跟他们之前喜欢的物品相似的物品。例如，小明在当当网上买过《明朝那些事儿》以后，当当网可能会将与《明朝那些事儿》比较相似的图书《唐朝那些事儿》《南渡北归》等一并推荐给小明。

基于物品的协同过滤算法会应用于当当网图书详情页上的"经常一起购买的商品"版块，具体如图 10-16 所示。

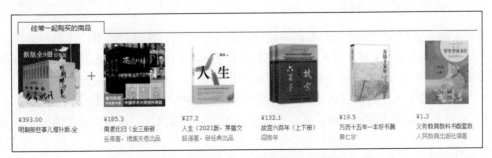

图 10-16　"经常一起购买的商品"版块

2. 基于用户的协同过滤算法

基于用户的协同过滤算法的核心思想是给用户推荐跟他兴趣相似的其他用户（统一称为邻居用户）喜欢的物品。例如，小明在当当网上买过《明朝那些事儿》以后，当当网会找到与小明兴趣相似的其他用户小刚和小红，之后将小刚和小红购买过的物品推荐给小明。

基于用户的协同过滤算法会应用于当当网图书详情页上的"购买此商品的顾客还购买过"版块，具体如图 10-17 所示。

图 10-17　"购买此商品的顾客还购买过"版块

综上所述，无论是通过基于物品的协同过滤算法给用户推荐物品，还是通过基于用户的协同过滤算法给用户推荐物品，都围绕着核心的功能，即计算物品与物品或用户与用户的相似度。

常用的求相似度的度量方法有杰卡德系数、余弦相似度、皮尔逊相关系数。其中杰卡德系数用于比较有限样本集的相似性与差异性；余弦相似度通过计算两个向量的夹角余弦值来评估它们的相似度，通常被应用于计算文本数据的相似度；皮尔逊相关系数用于计算两个定距变量关联的紧密程度。

本项目将介绍通过基于用户的协同过滤算法给用户推荐房源，并使用皮尔逊相关系数计算用户与用户的相似度。

10.7.2　皮尔逊相关系数

现实生活中，许多事物之间具有着一定的关联性，比如，身高和体重、体温与脉搏、年龄与血压等，不过这些事物之间关联的程度和性质各不相同。客观现象之间的数量关联存在着函数关系和相关关系，关于它们的介绍如下。

- 当一个或多个变量取定值时，另一个变量有确定的值与之对应，称为函数关系。
- 当一个变量增大或减小时，另一个变量也随之增大或减小，这两个变量的关系是相关关系。

在统计学中，皮尔逊相关系数又称皮尔逊积矩相关系数，是一种常用的线性相关系数，

用于度量两个变量 x 和 y 的线性相关程度，程度值为 $-1\sim1$ 之间。皮尔逊相关系数等于两个变量的协方差除于两个变量的标准差，其数学公式如下所示。

$$P_{xy} = \frac{\sum XY - \frac{\sum X \sum Y}{N}}{\sqrt{\left(\sum X^2 - \frac{(\sum X)^2}{N}\right)\left(\sum Y^2 - \frac{(\sum Y)^2}{N}\right)}}$$

在上述公式中，P_{xy} 表示皮尔逊相关系数，它的取值范围为 $-1\sim1$，其中 -1 代表完全负相关，1 代表完全正相关。关于 P_{xy} 的值与相关性的介绍如下。

- 若 P_{xy} 的绝对值位于 (0.8, 1.0]，则说明两个变量具有极强相关性。
- 若 P_{xy} 的绝对值位于 (0.6, 0.8]，则说明两个变量具有强相关性。
- 若 P_{xy} 的绝对值位于 (0.4, 0.6]，则说明两个变量具有中等程度相关性。
- 若 P_{xy} 的绝对值位于 (0.2, 0.4]，则说明两个变量具有弱相关性。
- 若 P_{xy} 的绝对值位于 (0.0, 0.2]，则说明两个变量具有极弱相关性。
- 若 P_{xy} 的绝对值等于 0.0，则说明两个变量不相关。

多学一招：皮尔逊相关系数涉及的数学公式

协方差用于衡量两个变量的总体误差，当两个变量的值相同时，协方差便是方差。方差用于描述样本集合的标准值的平方，其数学公式如下所示。

$$S^2 = \frac{\sum_{i=1}^{n}(X_i - \bar{X})^2}{n-1}$$

标准差用于描述集合的各个样本到均值的距离之和的平均值，其数学公式如下所示。

$$S = \sqrt{\frac{\sum_{i=1}^{n}(X_i - \bar{X})^2}{n-1}}$$

10.7.3 使用协同过滤算法推荐房源

在智能租房网站中，用户浏览某套房源信息的次数越多，表明该用户对此房源的喜爱程度越高，与这类房源相似的房源更符合用户的偏好。智能推荐功能依据基于用户的协同过滤算法的核心思想，通过用户的浏览记录找到与之浏览记录相似度比较高的其他用户，借助皮尔逊相关系数为该用户推荐合适的房源。

为了帮助大家更好地理解，接下来以用户 A、用户 B 和用户 C 的浏览记录为例，通过一张图为大家介绍基于用户的协同过滤算法推荐房源的逻辑，具体如图 10-18 所示。

在图 10-18 中，由左至右依次是用户 B、用户 A 和用户 C 的浏览记录。假设我们要给用户 A 推荐房源，对比用户 B 与用户 A 的浏览记录可以发现，用户 B 与用户 A 浏览过 3 条相同的房源数据；对比用户 C 与用户 A 的浏览记录可以发现，用户 C 与用户 A 浏览过 1 条相同的房源数据。

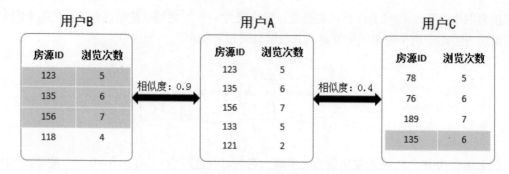

图 10-18　基于用户的协同过滤算法推荐房源的逻辑

经过计算用户 B 与用户 A、用户 C 与用户 A 的皮尔逊相关系数可以得出：用户 B 与用户 A 的相似度为 0.9，说明两者具有极强相关性，即喜爱的房源类型比较相似；用户 C 与用户 A 的相似度为 0.4，说明两者具有弱相关性，即喜爱的房源类型不相似。由此可见，我们可以将相似度高的用户 B 的数据推荐给用户 A，即推荐房源 ID 为 118 的房源数据。

基于用户的协同过滤算法推荐房源的步骤可以分为以下 5 步，具体内容如下。

1. 从 house_recommend 表中获取所有用户 ID

从 house_recommend 表中获取所有用户 ID 的逻辑为：首先获取所有用户的浏览记录数据，然后将这些数据按用户 ID 进行分类以获取所有的用户 ID。

由于这个功能不会涉及渲染模板的功能，只需要单纯地使用 SQL 语句便可以从 house_ recommend 中查询到数据，所以可以在 house 项目的 utils 目录下新建一个 con_to_db.py 文件，在该文件中编写代码使用 PyMySQL 连接数据库，并从数据库的 house_recommend 表中查询相应数据，具体代码如下所示。

```python
from pymysql import connect
USERNAME = 'root'
PASSWORD = '123456'
HOST = 'localhost'
PORT = 3306
DATABASE = 'house'
def query_data(sql_str):
    try:
        # 连接数据库
        conn = connect(user=USERNAME, password=PASSWORD,
                    host=HOST, port=PORT, database=DATABASE)
        # 获取游标对象 cursor
        cur = conn.cursor()
        # 使用游标对象执行 SQL 语句
        row_count = cur.execute(sql_str)
        # 提交修改数据的 SQL 语句到数据库
        conn.commit()
        # 使用游标对象获取查询结果
        result = cur.fetchall()
    except Exception as e:
        print(e)
    finally:
        # 关闭游标对象
```

```
        cur.close()
        # 断开与数据库的连接
        conn.close()
        return result
```

为了后续在 house 项目中可以直接使用推荐房源的功能，这里我们同样在 utils 目录下新建一个 pearson_recommend.py 文件，在该文件中定义一个 get_total_u_id()函数，用于从 house_recommend 表中获取所有用户 ID，具体代码如下所示。

```
from utils.con_to_db import query_data
def get_total_u_id():
    # 编写 SQL 语句，用于从 house_recommend 表中查询所有用户 ID
    sql = 'select user_id from house_recommend group by user_id'
    result = query_data(sql)
    # 将所有的用户 ID 放入列表
    total_u_id = list([i[0] for i in result])
    return total_u_id
```

在上述代码中，首先创建了一个用于从 house_recommend 表中查找所有用户 ID 的 SQL 语句，由于 house_recommend 表中用户的 ID 是重复的，所以这里需要对用户的 ID 进行归类，使同一个用户的 ID 只获取一次；然后调用 query_data()函数执行刚刚创建的 SQL 语句从数据表中查询数据，并将查询结果以元组的形式返回；最后将查询到的所有用户 ID 存放到列表中。

调用 get_total_u_id()函数，验证程序是否能够成功获取所有用户 ID，具体代码如下所示。

```
if __name__ == '__main__':
    print(get_total_u_id())
```

运行代码，结果如下所示。

```
[1, 2, 3, 4, 5, 6, 7, 8, 9, 10, 11, 12, 13, 14, 15, 16, 17, 18, 19, 20, 21, 22, 23,
24, 25, 26, 27, 28, 29, 30, 31, 32, 33, 34, 35, 36, 37, 38, 39, 40, 41, 42, 43, 44, 45,
46, 47, 48, 49, 50, 51, 52, 53, 54, 55, 56, 57, 58, 59, 60, 61,……,262, 263, 264, 265,
266, 267, 268, 269, 270, 271, 272, 273, 274, 275, 276, 277, 278, 279, 280, 281, 282, 283,
284, 285, 286, 287, 288, 289, 290, 291, 292, 293, 294, 295, 296, 297, 298, 299, 300, 314,
316, 317]
```

2. 获取每个用户的浏览记录

获取每个用户的浏览记录的实现逻辑为：首先根据 house_recommend 表中的字段 user_id 过滤出当前用户浏览过的所有房源数据，然后从这些房源数据中抽取出字段 house_id 和 score 对应的两列房源数据，并将这两列数据转换为其他形式。

在 pearson_recommend.py 文件中定义一个 get_user_info()函数，该函数用于从 house_recommend 表中获取每个用户的浏览记录，具体代码如下所示。

```
def get_user_info(user_id):
    # 使用 SQL 语句实现数据库查询
    sql = 'select user_id, house_id, score from house_recommend where user_id =
"{}"'.format(user_id)
    result = query_data(sql)
    data = {}
    for info in result:
        if info[0] not in data.keys():  # 若 data 数据中未插入当前用户的信息
            data[info[0]] = {info[1]: info[2]}
        else:                           # 若 data 数据中已经插入当前用户的信息
            data[info[0]][info[1]] = info[2]
    return data
```

在上述代码中，首先创建一个用于从 house_recommend 表中查询当前用户的 user_id、house_id 和 score 的 SQL 语句 sql；然后调用 query_data()函数返回查询到的用户信息 result，此时 result 包含用户 ID、房源 ID 和兴趣分值，存储的形式为{ { user_id, house_id, score}, { user_id, house_id, score}, ...};最后将 result 转换为其他形式，即{user_id: {house_id1: score1, house_id2: score2, ...}}。

调用 get_user_info()函数，验证程序是否能够成功获取用户 ID 为 1 的浏览记录，具体代码如下所示。

```
if __name__ == '__main__':
    print(get_user_info(1))
```

运行代码，结果如下所示。

```
{1: {111173: 8, 111373: 7, 111384: 9, 111538: 1, 111563: 9, 111601: 1, 111652: 2,
111653: 6, 111663: 7, 111682: 5, 111793: 1, 111812: 6, 111945: 7, 112034: 6, 112071: 2,
112078: 7, 112097: 7, 112158: 5, 112189: 2, 112210: 8, 112254: 6, 112283: 8, 112302: 3,
112309: 6, 112325: 8, 112330: 4, 112333: 4, 112346: 9, 112380: 9, 112382: 8, 112407: 7,
112439: 6, 112457: 6, 112479: 3, 112496: 4, 112505: 8, 112516: 8, 112525: 7, 112622: 5,
112627: 8, 112668: 9, 112677: 1, 112724: 5, 112752: 8, 112776: 3, 112802: 9, 112858: 7,
112892: 3, 112906: 4, 112913: 1, 112970: 3, 112978: 6, 112982: 1, 112991: 5, 113007: 9,
113025: 1, 113042: 1, 113057: 4, 113095: 2, 113106: 6, 113108: 5, 113109: 8, 113115: 3,
111872: 1, 113410: 1}}
```

3. 计算两个用户的相似度

若希望给当前用户推荐房源，我们需要知道哪些用户与当前用户的喜好相似，此时可以使用皮尔逊相关系数的数学公式计算两个用户的相似度。计算两个用户相似度的逻辑为：首先获取两个用户各自的浏览记录，然后从浏览记录的房源数据中找到两个用户共同浏览过的房源数据，并使用皮尔逊相关系数的数学公式计算两个用户的相似度。

在 pearson_recommend.py 文件中，定义一个计算两个用户相似度的 pearson_sim()函数，该函数需要接收两个参数：user1 和 sim_user，其中参数 user1 表示当前用户，参数 sim_user 表示另一个用户。pearson_sim()函数的代码如下所示。

```
1   def pearson_sim(user1, sim_user):
2       # 获取两个用户各自的浏览记录
3       user1_data = get_user_info(user1)[int(user1)]
4       user2_data = get_user_info(sim_user)[int(sim_user)]
5       # 定义空列表，用于保存两个用户共同浏览过的房源数据
6       common = []
7       for key in user1_data.keys():
8           if key in user2_data.keys():
9               common.append(key)
10      # 如果两个用户没有浏览过相同的房源数据，则返回 0
11      if len(common) == 0:
12          return 0
13      # 统计相同房源数据的数量
14      n = len(common)
15      # 计算兴趣分值、ΣX 和 ΣY
16      user1_sum = sum([user1_data[hid] for hid in common])
17      user2_sum = sum([user2_data[hid] for hid in common])
18      # 计算兴趣分值的平方和 ΣX^2 ΣY^2
19      pow_sum1 = sum([pow(user1_data[hid], 2) for hid in common])
20      pow_sum2 = sum([pow(user2_data[hid], 2) for hid in common])
```

```
21      # 计算乘积的和
22      PSum = sum([float(user1_data[hid] * float(user2_data[hid]))
23              for hid in common])
24      # 组装成分子
25      molecule = PSum - (user1_sum * user2_sum / n)
26      # 组装成分母
27      denominator = sqrt(pow_sum1 - pow(user1_sum, 2) / n) * (pow_sum2 -
28                                       pow(user2_sum, 2) / n)
29      if fenmu == 0:
30          return 0
31      result = molecule / denominator
32      return result
```

因为程序中需要完成开方运算，所以这里需要在 pearson_recommend.py 文件的开头导入 math 模块的 sqrt()函数。

```
from math import sqrt
```

调用 pearson_sim()函数，验证程序是否能够计算用户 ID 为 1 和 23 的相似度，具体代码如下所示。

```
if __name__ == '__main__':
    print(pearson_sim(1, 23))
```

运行代码，结果如下所示。

```
-0.034841576942942286
```

4. 获取相似度排在前十名的邻居用户

若希望给当前用户推荐房源，我们需要找到与当前用户喜好相似的所有邻居用户，并从所有邻居用户中筛选出相似度排在前十名的邻居用户。

获取相似度排在前十名的邻居用户的逻辑：首先从 house_recommend 表中获取全部的用户 ID，然后遍历除当前用户之外的其他用户 ID，计算其他用户与当前用户的相似度，最后将所有用户 ID 按照相似度进行降序排列，并获取排在前十名的用户 ID。

在 pearson_recommend.py 文件中，定义一个用于获取相似度排在前十名的邻居用户的函数 top10_similar()，该函数需要接收一个参数 UserID，参数 UserID 表示当前用户的 ID。top10_similar()函数的代码如下所示。

```
def top10_similar(UserID):
    # 获取 house_recommend 表中的所有用户 ID
    total_u_id = get_total_u_id()
    # 计算当前用户与其他用户的相似度
    res = []
    for u_id in total_u_id:
        if int(UserID) != u_id:
            similar = pearson_sim(int(UserID), int(u_id))
            if similar > 0:
                res.append((u_id, similar))
    # 将所有用户 ID 降序排列
    res.sort(key=lambda val: val[1], reverse=True)
    return res[:10]
```

调用 top10_similar()函数，验证程序是否能够获取用户 ID 为 1、相似度排在前十名的邻居用户，具体代码如下所示。

```
if __name__ == '__main__':
    print(top10_similar(1))
```

运行代码，结果如下所示。

```
[(116, 0.1019014636697117), (3, 0.087881682921108431),
 (58, 0.06906142968291976), (263, 0.06321469418557374),
 (8, 0.05881623550713871), (173, 0.05870038837184971),
 (218, 0.05605443660586639), (231, 0.05490589493490449),
 (87, 0.05393851527377504), (81, 0.05340038003897232)]
```

5. 获取房源推荐列表

获取房源推荐列表的逻辑：首先获取与当前用户相似度最高的邻居用户的浏览记录，然后对比当前用户的浏览记录筛选出不同的房源数据，最后将这些不同房源数据按照兴趣分值进行排序，并获取排在前六名的房源数据。

在 pearson_recommend.py 文件中，定义一个用于获取推荐房源数据的函数 recommend ()，该函数需要接收一个表示用户的参数 user。recommend ()函数的代码如下所示。

```
def recommend(user):
    # 判断是否有相似度高的用户，若没有则返回 None
    if len(top10_similar(user)) == 0:
        return None
    # 获取相似度最高的用户 ID
    top_sim_user = top10_similar(user)[0][0]
    # 获取相似度最高的用户的完整浏览记录
    items = get_user_info(top_sim_user)[int(top_sim_user)]
    # 获取当前用户的浏览记录
    user_data = get_user_info(user)[int(user)]
    # 筛选当前用户未浏览的房源数据
    recommendata = []
    for item in items.keys():
        if item not in user_data.keys():
            recommendata.append((item, items[item]))
    recommendata.sort(key=lambda val: val[1], reverse=True)
    # 返回评分较高的房源数据
    if len(recommendata) > 6:
        return recommendata[:6]
    else:
        return recommendata
```

调用 recommend()函数，验证程序是否能够成功获取给 ID 为 1 的用户推荐的房源数据，具体代码如下所示。

```
if __name__ == '__main__':
    print(recommend(1))
```

运行代码，结果如下所示。

```
[(111957, 9), (112178, 9), (112500, 9), (112507, 9),
 (113103, 9), (111445, 8)]
```

10.7.4　智能推荐后端实现

无论用户是否登录智能租房网站，都可以在详情页下方的智能推荐版块中看见推荐的房源信息。由此可见，智能推荐功能需要分用户登录和未登录两种情况来进行处理。智能推荐功能的逻辑如图 10-19 所示。

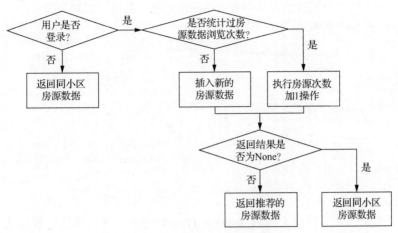

图 10-19　智能推荐功能的逻辑

由图 10-19 可知，需要判断用户当前是否处于登录状态。若用户没有登录智能租房网站，则直接返回与当前房源所处同一小区的房源数据；若用户登录了智能租房网站，则需要先添加用户的浏览次数，再根据推荐系统的返回结果返回推荐房源数据。

添加用户的浏览次数具体分为两种情况，一种情况是用户之前已经浏览过该房源，则需要将该房源记录的浏览次数增加 1 次，即将 house_recommend 表中 score 字段的值加 1；另一种情况是用户之前没有浏览过该房源，则需要插入一条新的房源数据。

返回结果具体也分为两种情况，若返回结果不为 None，也就是说两个用户有相同的房源数据，则需要返回推荐的房源数据，否则返回同小区的房源数据。

接下来按照图 10-19 所示的逻辑编写代码，实现智能推荐功能，具体步骤如下。

（1）查询 house_recommend 表中是否有当前用户关于此房源的浏览记录，由于 house_recommend 表中的每条记录包含多个字段，若需要查询当前用户关于此房源唯一的一条记录，只通过用户 ID 或房源 ID 中任意一个字段是无法找到的，所以这里的查询条件需要同时包含用户 ID 和房源 ID。在 detail_page.py 文件中，找到 detail()函数中判断用户登录状态的代码，在处理登录状态情况的 if 分支语句的末尾增加查询当前用户浏览记录的代码，具体代码如下所示。

```
if name:    # 在登录状态下
    user = User.query.filter(User.name == name).first()  # 获取用户对象
    seen_id_str = user.seen_id                    # 获取用户对象的浏览记录
    ......
    else:
        # 直接将当前的 hid 插入浏览记录
        user.seen_id = str(hid)
        db.session.commit()
# 查询 house_recommend 表中是否有当前用户关于此房源的浏览记录
info = Recommend.query.filter(Recommend.user_id==user.id,
                              Recommend.house_id==house.id).first()
```

（2）查询结果需要分两种情况进行处理：若 house_recommend 表中已经存在当前用户关

于此房源的记录，则将这条记录中字段 score 的值加 1；若没有任何记录，则需要插入一条新记录。在 if 语句中增加分两种情况处理查询结果的代码，具体代码如下所示。

```
# 当前用户浏览过此房源数据
if info:
    new_score = info.score + 1
    info.score = new_score
    db.session.commit()
# 当前用户没有浏览过此房源数据
else:
    new_info = Recommend(user_id=user.id, house_id=house.id,
                         title=house.title, address=house.address,
                         block=house.block, score=1)
    db.session.add(new_info)
    db.session.commit()
```

（3）由于推荐房源数据需要用到 pearson_recommend 模块的功能，所以这里需要导入 pearson_recommend 模块，具体代码如下所示。

```
from utils.pearson_recommend import recommend
```

（4）在 if 语句的前面，定义一个列表，用于保存所有向用户推荐的房源数据，具体代码如下所示。

```
# 定义一个保存推荐房源数据的列表
recommend_li = []
```

（5）获取基于协同过滤算法返回的推荐结果，并分两种情况对推荐结果进行处理：若推荐结果为空，需要给用户返回至多 6 条同小区的房源数据；若推荐结果不为空，需要给用户返回推荐的房源数据。在 if 语句中，增加返回推荐房源数据的代码，具体代码如下所示。

```
# 调用 recommend() 函数获取推荐结果
result = recommend(user.id)
# 推荐结果不为空
if result:
    for recommend_hid, recommend_num in result:
        recommend_house = House.query.get(int(recommend_hid))
        recommend_li.append(recommend_house)
# 推荐结果为空
else:
    ordinary_recommend = House.query.filter(
        House.address == house.address).order_by(
        House.page_views.desc()).all()
    if len(ordinary_recommend) > 6:
        recommend_li = ordinary_recommend[:6]
    else:
        recommend_li = ordinary_recommend
```

（6）为了能够在网页上看到推荐的房源数据，我们需要借助模板将房源数据渲染到网页中。在 detail() 函数的 return 语句中修改调用 render_template() 函数的代码，在调用 render_template() 函数时传入 recommend_li 参数，将房源数据传递给模板 detail_page.html，具体代码如下所示。

```
......
return render_template('detail_page.html', house=house,
facilities=facilities_list, recommend_li=recommend_li)
```

（7）切换至 detail_page.html 文件，在该文件中找到与智能推荐相关的代码，利用模板语法的循环结构遍历推荐房源列表，将房源信息的固定数据替换为相应的模板变量，具体代码如下所示。

```
<div class="attribute-header">
    <h4>推荐房源</h4>
    <div class="attribute-header-tip-line">
    <span>根据您的浏览习惯，推荐优质房源</span>
    </div>
</div>
<!--推荐-->
  <div class="row">
  <div class="col-md-11 col-lg-11">
  <div class="row">
    {% for house in recommend_li %}
    <div class="col-lg-4 col-md-4">
      <div class="recommend">
        <div>
          <a href="/house/{{ house.id }}"><img class="img-fluid img-box" src="/
static/img/house-bg1.jpg" alt="" /></a>
        </div>
        <div class="recommend-info">
          <span class="glyphicon glyphicon-map-marker"></span>
          <span>{{ house.address }}</span>
        </div>
        <div class="recommend-info1">
          <span>{{ house.rooms }}-{{ house.area }}平方米</span>
          <span class="price float-right" style="color: #e74c3c">￥  
{{ house.price }}</span>
        </div>
      </div>
    </div>
    {% endfor %}
  </div>
  </div>
</div>
```

（8）在 detail_page.py 文件的 detail()函数中找到代表未登录状态的 else 语句，在该语句中增加处理未登录状态下返回同小区房源数据的代码，具体代码如下所示。

```
......
# 未登录状态
else:
    ordinary_recommend = House.query.filter(House.address == house.address).order_by
(House.page_views.desc()).all()
    if len(ordinary_recommend) > 6:
        recommend_li = ordinary_recommend[:6]
    else:
        recommend_li = ordinary_recommend
```

重启开发服务器，通过浏览器访问智能租房网站的首页，在该页面中单击任意一套房源进入详情页，可以看到推荐房源版块下推荐的同小区的房源信息。

10.8　本章小结

本章讲解了智能租房项目用户中心页的相关功能，包括用户注册、用户中心页展示、用户登录与退出、账号信息修改、收藏和取消收藏房源信息、用户浏览记录管理，还讲解了详情页的智能推荐功能。希望通过学习本章的内容，读者能够掌握用户中心模块的功能逻辑，并能实现相关功能。

10.9　习题

简答题

1. 简述用户注册功能的实现逻辑。
2. 简述用户中心页展示功能的实现逻辑。
3. 简述用户登录与退出功能的实现逻辑。
4. 简述账号信息修改功能的实现逻辑。
5. 简述收藏和取消收藏房源信息功能的实现逻辑。
6. 简述用户浏览记录管理功能的实现逻辑。
7. 简述协同过滤算法的分类，以及各分类的核心思想。